プロ野球でわかる！
はじめての統計学

株式会社DELTA
佐藤文彦（student）[著]
岡田友輔[監修]

技術評論社

本書の解説に利用しているソフトウェアは以下のとおりです。

・Windows 7 Home Premium
・Microsoft Excel 2010
・LaTeX2e

環境や時期により、手順・画面・動作結果などが異なる可能性があります。

本書に掲載しているグラフなどは、書籍上で見やすいように設定などを変更していますので、お手元の表示と多少異なることがあります。また、表示されている計算結果は見やすくするために適宜表示する桁数を調整しています。

本書で利用しているデータは、注記を行っているもの以外は株式会社DELTAが集計したものです。

本書の解説に利用しているデータは一部RetroSheet (http://retrosheet.org/)のものを参照しています。

> The information used here was obtained free of charge from and is copyrighted by Retrosheet. Interested parties may contact Retrosheet at "www.retrosheet.org".

本書の内容に基づく運用結果について、著者、ソフトウェアの開発元および提供元、株式会社技術評論社は一切の責任を負いかねますので、あらかじめご了承ください。

本書に記載されている会社名・製品名は、一般に各社の登録商標または商標です。本書中では、™、©、®マークなどは表示しておりません。

●……… はじめに

　本書は、野球のデータを用いて統計学について学ぶ入門書です。主に統計学初心者の方を対象にしています。

　昨今のコンピュータの性能の向上により、一昔前では考えられないような量の情報を取り扱うことが可能となりました。そしてこの大量の情報を活用するスキルとして、統計学の需要が高まってきています。

　一般的な統計学の書籍は原理原則を丁寧に解説してくれてはいるのですが、それが初心者にとっては少しハードルが高く感じられることもあるかと思います。そこで本書では日本のプロ野球という身近なテーマを扱うことで、分析の意味や数値の意味を理解しやすくすることを目指しました。たとえば、「2つのデータ間の関係」という計算も、「送りバントの多いチームの得点力は高いのか？」という野球のテーマに置き換えることで具体的にイメージしやすくなると思います。

　また、野球においてデータを統計的に分析し、選手の評価や戦略を考える「セイバーメトリクス」と呼ばれる分析手法が発展していることからもわかるとおり、野球は統計学と相性の良いテーマであることも、野球を題材にする理由です。

　一度やり方を覚えてしまえば以降は野球以外のテーマにも応用できますので、野球に興味のある方もそれほど興味のない方も、統計学の入門書として手に取っていただければと思います。

　本書は全8章から成り、各章ごとにテーマを持っています。どの章から始めていただいてもかまいませんが、統計学をはじめて学ぶ方は、第1章から順番に読み進めることをお勧めします。本書の末尾では「野球における未解決問題」と題して、セイバーメトリクスの発展した今日においてもまだよくわかっていないテーマを紹介しています。本書で紹介する分析方法を駆使することで必ず解決できるようなことではありませんが、より深く野

球と統計学について考える材料としていただければと思います。

本書で解説しているさまざまな分析にはMicrosoft Excelを利用していますので、統計解析のために特別なツールを用意する必要はありません。さらに、実際に分析して試すことができるように、本書で使用しているデータはサンプルデータとして公開しています。実際に手を動かしながら本書を読み進めていただければと思います。

● ……… **謝辞**

本書の執筆にあたり、編集の池田大樹氏には長期にわたり多大なるサポートをいただきました。心からの感謝を申し上げます。また、個人的な話ですが、執筆中の腰痛の改善に『長友佑都体幹トレーニング20』[注1]に書かれているストレッチとトレーニングが役立ちました。これがなければ座っていられなかったのでたいへん感謝しております。

2017年2月　佐藤 文彦（student）

サンプルデータのダウンロード

本書の解説で利用しているデータや分析用のExcelファイルは本書サポートサイトからダウンロードできます。

http://gihyo.jp/book/2017/978-4-7741-8727-3/support

注1　長友佑都著『長友佑都体幹トレーニング20』ベストセラーズ、2014年

［プロ野球でわかる！］はじめての統計学●目次

- はじめに ... iii
- 謝辞 ... iv
- サンプルデータのダウンロード ... iv

第1章 データ分析がなぜ必要なのか
客観的な分析がもたらすもの ... 1

1.1 はじめに ... 2
- 本書の目的 ... 2
- 本書の使い方 ... 3
- ビッグデータ時代の到来と統計学との付き合い方 ... 3
- 必要なツール ... 4
- アドインの設定 ... 5

1.2 統計学の概要 ... 7
- 統計学とは ... 7
- 統計学が可能にすること ... 7
  - 仮定が正しいかを検証する ... 7
  - データを予測する ... 9

1.3 セイバーメトリクス──野球に導入された統計学 ... 11
- **Column** 早すぎたセイバーメトリシャン ... 12
- 経験則から統計学へのシフト ... 13
- 新しい指標 ... 14
- 究極の目標と現実的な運用 ... 15
- なぜ野球からイノベーションは起こったのか ... 15
  - ビル・ジェームズの存在 ... 16
  - データが充実している ... 16
  - 野球のデータの性質が統計解析に向いている ... 16

1.4 多領域への汎用性 ... 18

第2章 データ分析の基礎知識
野球にちりばめられた記録の意味 ... 19

2.1 数値が表すもの──そもそもデータとは何か ... 20
- データの種類 ... 21
  - 名義データ ... 22
  - 順序データ ... 23
  - 間隔データ ... 24
  - 比率データ ... 25

<ul>
<li>コンピュータはわかってくれない……25</li>
<li>Column やってしまいがちな誤用——順位と勝率……27</li>
</ul>

2.2 記述統計……28
- 2つの統計学——記述統計と推測統計……28
- 代表値——データを要約する……28
  - 平均値（Mean）……29
  - 中央値（Median）……30
  - 最頻値（Mode）……31
  - 代表値の使い分け……31

2.3 データの散らばりをつかむ……32
- 分散と標準偏差——データの散らばりを数値化する……33
- 四分位偏差……34
- 度数分布表——データの全体像をつかむ……35
- 正規分布——データの分布のカタチ……37

2.4 傑出度——データを変換しわかりやすくする……41
- 3割打者はなぜ優れているのか……41
- データの標準化……42
- 非線形変換……43

2.5 まとめ……45

第3章 グラフの作成
データの可視化で見えてくること……47

3.1 データを可視化するメリット……48
- 直感的にわかりやすい情報を示すことができる……48
- 自らの直観・気付き・ひらめきを導くのを助ける……49

3.2 各種グラフの作成……50
- 棒グラフ1——データ間の大きさの違いを比較する……50
  - チームの勝率を比較する……50
  - 「縦棒」「横棒」どちらを使うべきか……52
- 棒グラフ2——データの内訳を比較する……53
  - チームのヒットの内訳を比較する……53
  - グラフの複製……53
- 棒グラフ3——積み上げ式のグラフで内訳を比較する……55
  - チームのヒット数を比較する……55
  - その他の棒グラフ……56
- 折れ線グラフ1——データの推移を表現する……56
  - 勝率の浮き沈みを表現する……56
- 折れ線グラフ2——内訳・積み上げ式の折れ線グラフ……59
- 散布図——2つのデータ間の関係を理解する……59
  - 2つのデータに関係がある場合……61

　　　　　3次元の散布図 62
　　　　　散布図の応用──モザイク図的活用法 63
　　　円グラフ──データの内訳をつかむ 66
　　　　　球種の内訳をつかむ 66
　　　レーダー──複数のデータを一覧する 68
　　　箱ひげ図──複数の情報を一度に表現する 70
　　　　　打率の分布を比較する 70
　　　　　箱ひげ図を作成する 71
3.3　データを視覚化する際に気を付けること 74
　　　　　詰め込みすぎ 74
　　　　　印象操作 74
3.4　まとめ 76

第4章 母集団と標本
データを取り巻く誤差との付き合い方 77

4.1　データが示すものとは 78
　　　どこまでを母集団と考えるか 79
　　　母集団と標本の関係 80
　　　母集団と標本の平均と分散 80
　　　　　母集団と標本の平均 80
　　　　　母集団と標本の分散 81
　　　　　標本誤差を小さくするには 82
　　　信頼区間 83
　　　　　比率を使った信頼区間の計算 85
4.2　幅をもってデータを見る 87
　　　　　打撃成績の信頼区間 87
　　　　　二項分布による成績の幅 89
4.3　誤差を評価する 94
　　　Column 1点差勝利の反動 96
4.4　まとめ 98

第5章 相関分析
2つのデータの関係性を数値化する 99

5.1　相関分析とは 100
5.2　相関関係とは 101
　　　相関係数の計算 102
　　　　　共分散 104

	共分散から相関係数へ	105
	順位相関	107
	スピアマンの順位相関係数	109
5.3	相関係数の解釈	111
	相関係数から見る関係の強さ	111
	相関係数と散布図	112
	相関関係ではないが関連はあるケース	114
	サンプルが少ないケースとはずれ値	115
5.4	野球における相関分析の適用例	117
	年度間相関	117
	データの作成方法と情報源	118
	相関係数から見る勝利のために重要な指標	121
	フォアボール	121
	送りバント	122
5.5	相関分析を行う際に気を付けること	123
	擬似相関	123
	相関関係が示すもの――因果関係と共変関係	125
	データ分析の手始めとしての相関分析	126
5.6	まとめ	127
	Column 相関関係がなかったとき	127

第6章 統計検定
データの差に意味があるのかを調べる ... 129

6.1	統計検定とは何か	130
	統計検定の考え方――仮説検定	131
	有意水準（危険率）	132
	片側検定と両側検定	132
	判断を誤るリスク	134
6.2	t検定――2つのグループの平均値の比較	135
	分析のための準備――データの並び替え	135
	t検定の実施	137
	等分散性の検定（F検定）	137
	等分散の場合のt検定	139
	不等分散の場合のt検定	140
	t検定の計算方法	141
	F検定	141
	等分散のt検定	142
	不等分散のt検定	143
	対応のあるt検定	144
	対応のあるt検定とは	144

　　　　対応のあるt検定の計算 145
6.3 **χ二乗検定**──2つのグループの比率の比較 147
　　　　χ二乗検定の計算方法の解説と実施 147
　　　　CHISQ.TEST関数における計算 150
6.4 **無相関検定**──相関係数の有意性を調べる 152
　　　　無相関検定を行う方法 152
　　　　無相関検定の計算方法 154
6.5 **まとめ** 156
　　　　Column これからの統計検定──アメリカ統計学会からの提言 ... 156

第7章 分散分析
より複雑な関係を分析する 157

7.1 **分散分析とは** 158
　　　　分散分析のポイントと用語 159
　　　　　　要因と水準 159
　　　　　　独立変数と従属変数 160
　　　　分散分析の実施 160
　　　　　　分析ツールを使った分散分析 161
　　　　　　分散分析の計算 163
　　　　　　分散分析の計算過程 166
　　　　　　繰り返し分散分析を行う場合 171
　　　　　　多重比較 172
7.2 **2要因の分散分析** 176
　　　　2要因の分散分析の手順 176
　　　　交互作用 177
　　　　2要因の分散分析のしくみと計算 178
　　　　2要因の分散分析の実施 181
　　　　　　主効果の検定 181
　　　　　　交互作用の検定 183
　　　　　　個々の水準の差の検定 185
　　　　結果の表記 186
7.3 **まとめ** 187
　　　　Column 常識や先入観にとらわれないために 188

第8章 回帰分析
あるデータから別のデータを予測する 189

8.1 **回帰分析とは** 190

予知ではなく予測 191
回帰分析のポイント 191
　　説明変数と目的変数 191
　　Column 予測的中の落とし穴 192
　　予測式の計算——最小二乗法 193
　　決定係数 196
回帰分析の実施 196
　　分析ツールを使った回帰分析 196
　　回帰分析の計算 198

8.2 重回帰分析 201
重回帰分析のポイント 201
　　分析の前に 201
　　偏回帰係数と標準回帰係数 201
　　分析ツールを使った重回帰分析 202
　　重回帰分析の計算 204
　　説明変数の有意性の検定 208
重回帰分析の目的と予測式 208
　　多重共線性の問題 209
　　交互作用 210

8.3 説明変数が質的データの場合の回帰分析、重回帰分析 211
　　質的データが2つの場合 211
　　質的データが3つ以上の場合 213

8.4 まとめ 216

Appendix
野球における未解決問題 217

A.1 より高度な評価指標を求めて 218
　　打撃指標 218
　　運の影響 219

A.2 数値化が難しいテーマ 220
　　勝負強さ 220
　　捕手のリード 221
　　監督の采配 221

A.3 環境の変化 222

A.4 最新のデータが正解ではない 223

　　おわりに 224
　　索引 225
　　プロフィール 229

第1章

データ分析が
なぜ必要なのか

客観的な分析がもたらすもの

コンピュータの進化によって、以前には考えられない量の情報を処理できるようになりました。その結果、大量のデータから重要な情報を見つけ出す、統計学のスキルが求められるようになりました。本章では、統計学の紹介と、野球に導入され発展を遂げた野球版統計学とも言えるセイバーメトリクスを紹介します。

1 データ分析がなぜ必要なのか

1.1 はじめに

これからの10年で最も魅力的な職業は統計家だろう。
I keep saying the sexy job in the next ten years will be statisticians.
——Hal Varian, Hal Varian on how the Web challenges managers.
http://www.mckinsey.com/insights/innovation/hal_varian_on_how_the_web_challenges_managers

　これはGoogleのチーフエコノミストであるハル・ヴァリアン博士の2009年の言葉です。本書の出版される2017年は、博士の言葉にあるこれからの10年の後半といったところでしょうか。周りを見回してみれば、統計家が脚光を浴び世の中をリードするような社会となったでしょうか。

　博士の発言がどれだけ正しかったのかを判断するためには詳しい検証が必要です。しかし、そうした検証を待たずとも、データを収集し活用することの必要性と、そのためには統計学の知識とスキルが必要であるという認識は、徐々にではありますが確実に広まってきています。

本書の目的

　統計学の必要性が実感されるようになった背景として、統計学がアカデミックな領域から、私たちにとって日常生活により身近な領域にまで応用範囲が拡大していることがあります。この広がりは、スポーツという一見統計学とは縁のなさそうなところにまで及んできています。本書では、統計学のスポーツへの応用の先駆的存在である野球を題材に、統計学の知識と技法を実践的に学習していくことを目的としています。

本書の使い方

　本書では、統計学の初歩に加え、実際にデータを用いた分析方法の解説もします。分析に使用するデータは本書のサポートページからダウンロードできるようにしていますので、実際にデータを動かしながら本書を読んでいただければと考えています。「習うより慣れろ」という言葉がありますが、「習いながら慣れてね」というのが本書の形式となります。

　ところで、野球のデータと言ったらどういうものをイメージするでしょうか。打率に打点、防御率といった指標はスポーツニュースで耳にすることも多いかと思います。一方で、詳しくは後述しますが、現在の野球では「より多く勝利するために重要な指標とは何か」「優れた選手をより正確に評価するための指標とは何か」という観点から多くの新しい指標が開発されました。そうした新しい指標を使って分析したほうが野球による統計の解説本としては格好が付くのですが、本書ではなるべく打率や打点、防御率といった、どちらかというと古いタイプのデータを使って分析方法の解説をしていきます。

　これは、実践していただくにあたり野球の専門的な知識がなくてもわかるよう、あえて古い指標を用意しています。もちろん、扱う指標が古いからといって、これから解説していくデータの見方や分析方法に問題が生じるようなことはありません。ダウンロードできるデータには新しい指標を用意しておきますので、本書で解説した分析方法を同じ指標を使って練習するだけではなく、同じ方法をほかの指標も使って練習してほしいと考えています。「あの分析を違う指標で分析してみたらどうなるだろう」と考えやってみることは、データ分析の上達のための近道です。また、そうしたチャレンジから何か新しい発見が生まれるようなことがあれば、とても喜ばしいことです。

ビッグデータ時代の到来と統計学との付き合い方

　統計学が身近になってきたとは言いましたが、新しい友達がやってきたというよりは、否応なしに付き合う必要が出てきたというほうが正確ではないかと思います。その背景には、コンピュータの処理能力の進化によって、一昔前ではとても扱いきれなかった大量のデータを処理することが、

1 データ分析がなぜ必要なのか

ビジネスや日常生活の中でも必要になってきたことがあります。

いわゆるビッグデータと言われるような大量のデータが扱えるようになると、もはやそれだけで何もかもがわかる時代が来るのではないか、と楽天的に考える人もいます。しかし、残念ながらそう単純なものでもありません。過去の選挙結果と人口統計、世論調査のデータから、2012年合衆国大統領選挙の結果を統計的に予測し、全50州で的中させたネイト・シルバーは、大量にあるデータの大部分は役に立たないノイズにすぎず、かえって重要なシグナルを探す邪魔にもなると言っています[注1]。

ネイト・シルバーの言葉を借りれば、大量のノイズ中から重要なシグナルを見い出すスキルが統計学ということになります。大げさに言ってしまえば、現代社会に生きる私たちは大量のデータを有効に活用することが求められており、もう少し実利的に言えばデータを活用できたほうがいろいろと有利なので、統計学の知識とスキルが求められているわけです。

必要なツール

続いて、必要なツールの案内をしておきます。極論すれば紙とペンがあれば計算は可能で、実際に数学・統計学はそうやって発展してきています。とはいえ、現代は高性能のコンピュータが手軽に使える時代なので、これを使わない手はありません。

いろいろソフトはありますが、どのソフトが良いというのは一概には言えません。ソフトによって得手不得手があるからです。しかし、初歩的な集計・分析であればどれを選んでもできますので大差はないと思います。業種、業界によって好まれるソフトがあったりするので、そうした好みも選ぶ理由になります。自分でプログラムを組んで計算する方法もありますが、これは少々ハードルが高い方法なので、初歩的な方法であればすでに統計解析の機能が組み込まれている統計ソフトを利用するのがよいでしょう。

本書ではExcelの使用を前提にしています。Excelを選んだのは、利用者が多いことと比較的安価であるからです。なお、本書はWindows 7 Home Pre

---

注1 ネイト・シルバー著／西内啓解説／川添節子訳『シグナル＆ノイズ ── 天才データアナリストの「予測学」』日経BP社、2013年

miumとMicrosoft Excel 2010と、数式の作成にLaTeX2eを利用しています。

とりあえずExcelを使って基礎を学んでしまえば、あとは操作方法の違いに対応するだけでほかのソフトにも移行できますので、ここではExcelで学習していきましょう。

統計ソフトを使った計算とは、自分で計算するというよりは、ソフトが代行してくれる部分が大きいのが特徴です。非常に便利なのですが、いったいどんな計算が中で行われているのかよくわからないのは良いことではないので、自分で計算しなくても何を行っているかは知っておいたほうがよいです。本書では、計算過程についてもわかりやすく解説しています。

ところで、Excelの関数にすべての統計解析の関数が網羅されているかというと、そんなことはありません。もしやりたい解析方法がない場合は、自分で数式を書いて計算するか、別のソフトに頼ることになります。

アドインの設定

本書では、分析はExcelのアドイン機能の「分析ツール」を使って分析します。この機能は最初から使えるようにはなっていないので、設定の方法を解説します。

Excelを開いたらリボンの「ファイル」を選択し、図1.1の欄から「オプション」を選択してください。

図1.1 「ファイル」メニューから「オプション」を選択

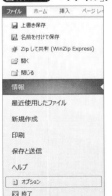

このオプションの中から**図1.2**に示すように「アドイン」を選択し、「設定」をクリックしてください。すると**図1.3**のようなウィンドウが出てきますので、「ソルバーアドイン」と「分析ツール」にチェックを入れてください。

これで2つのアドインが使えるようになります。**図1.4**に示すように、「データ」のリボンの一番右端に表示されるようになります。「データ分析」については第5～8章で使用します。「ソルバーアドイン」については第8章で少しだけ使います。

図1.2 アドインの設定

図1.3 アドインの選択

図1.4 分析ツールが表示される

1.2 統計学の概要

分析の解説に入る前に、そもそも統計学とは何かから解説していきます。

統計学とは

統計学とは、数学の応用分野の一つです。集めたデータから、数値上の性質、規則性や不規則性を見い出すための方法です。つかみどころのない説明で申し訳ないのですが、応用分野が多岐に渡ると、それをまとめると抽象的な表現となってしまいがちです。さまざまな専門家に「統計とは？」と尋ねても、違う答えが返ってくるのではないかと思います。

実際に統計学の応用分野は広く、自然科学や社会科学、人文科学において、実証的な分析を扱う分野では必須のスキルとなっています。具体的な例を挙げると、医学・疫学・薬学・経済学・社会学・心理学・言語学といったところで、多くの分野にまたがっていることがわかります。そして現在も、この応用範囲は拡大中です。

統計学が可能にすること

統計学とは、数値上の性質、規則性や不規則性を見い出すための方法と説明しましたが、これによってどのようなことが可能となるのでしょうか。例を挙げればいろいろあるのですが、せっかくなので野球のデータを使って説明します。

● ……… 仮定が正しいかを検証する

「4番打者を並べても勝てるようになるわけではない」

という言葉を聞いたことがあるでしょうか。

1 データ分析がなぜ必要なのか

　1993年のオフ、日本のプロ野球（NPB：*Nippon Professional Baseball Organization*）にフリーエージェント（FA：*Free Agent*）制度[注2]が導入されて以降、まずこの制度を活用してチームを積極的に強化しようと試みたのは巨人でした。巨人は各チームの主力打者を獲得し、特に2004年は「史上最強打線」と銘打ち錚々たる打線を構成しシーズンに挑みましたが、結果は優勝とはなりませんでした。こうした結果を受け、当時から「お金の力で4番打者を並べただけでは優勝できない」と批判されてきました。

　しかしながら、この史上最強打線をデータから見てみるとまた違った側面が見えてきます。**図1.5**は1994〜2015年のプロ野球各チームの平均得点と失点を示したものです。図の形式と作成方法については第3章で詳しく説明します。図の見方としては、右に行くほど平均失点が高く、上に行くほど平均得点が高いことを意味します。図中の破線は全球団の平均得点と失点を表しています。シーズンによって試合数が異なるので1試合あたりの得点と失点を計算しています。

　この図から、2004年の巨人の平均得点は、史上最強ではありませんが1994年以降のプロ野球においてトップクラスに高いことがわかります。得

注2　選手にいずれの球団とも契約できる権利が与えられる制度です。契約対象が国内（NPB）に限られる「国内FA」と、国内外のいずれの球団とも契約できる「海外FA」の2種類があります。
　　参考：https://ja.wikipedia.org/wiki/フリーエージェント_（日本プロ野球）

図1.5 平均得点と平均失点の関係（1994〜2015）

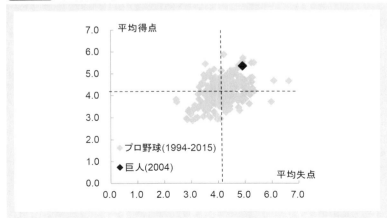

点力という意味では強打者を獲得した甲斐はあったと言えます。それでは、トップクラスの攻撃力を持ちながらなぜ優勝できなかったかというと、平均失点が高いからです。図中の巨人の位置を見てもらうとかなり右寄りで、平均失点が高いことがわかります。

つまり、2004年の巨人は「史上最強打線」と銘打った攻撃は、高い得点力という十分な仕事をしたものの、投手と守備に問題があったと言えます。したがって、「4番打者を並べたから勝てなかった」というよりは、「投手と守備に問題があり、攻撃で稼いだ得点を帳消しにした」というのが優勝を逃した原因と言えます。

このように、世間一般で「こういうものだ」と考えられていることも、データを精査していけば実は違った原因が見えてくるというのが統計学の一つのメリットです。

● ────── **データを予測する**

史上最強打線の得点力が高いことは理解できたけれど、失点の多さをそのまま敗因としてもよいのだろうか？と考えた人はいないでしょうか。実は、シーズンの最終的な勝率は、総得点と総失点から高い精度で予測できることがわかっています。

NPBの公式サイト[注3]から過去のシーズンの順位表を見ていくと、最大得点のチームが必ずしも優勝していないことがわかります。最小失点であっても必ずしも優勝できないのも同様です。それでは何が勝率にとって重要かと言うと、得点と失点の差である得失点差が大きくなるほど勝率が高くなるということがわかっています。

この関係を定式化したのが、次に示すピタゴラス勝率[注4]と呼ばれるもので、この数式によって求められたピタゴラス勝率の値と実際の勝率の間の誤差は非常に小さいことが知られています。

$$\text{ピタゴラス勝率} = \frac{\text{得点}^2}{\text{得点}^2 + \text{失点}^2}$$

注3　http://npb.jp/
注4　ピタゴラス勝率という名前は、計算式がピタゴラスの定理に似ているために付けられました。

データ分析がなぜ必要なのか

　得点と失点の2乗という式を示していますが、プロ野球の場合、この指数が1.72の当てはまりが最も良いとされています。

　このような得点と失点の関係から、巨人の優勝できなかった原因もわかりますし、一般化して、チーム運営の指針を立てることが可能になりました。プロ野球チームの目的は、シーズンを通してより高い勝率を残すことです。そのためには得失点を最大化する必要があり、自前の戦力ではどのくらいの得点を上げることができるのか、補強が必要なのかといった編成をしていくことが可能になります。これが統計学を導入することの、仮定を検証できることに加えてのもう一つのメリットで、あるデータから別のデータの予測が可能になるということです。

　ここで注意しておきたいのは、統計学ができるのは予測であって予知ではないということです。ここで言う予知とは100％正確な予測という意味と考えてください。つまり、予測には誤差があるということです。たとえば、2015年の阪神は得点と失点から予測される勝率よりも高い勝率を残しています。

1.3 セイバーメトリクス
野球に導入された統計学

　少々内容がフライングしましたが、ここからは野球に導入された統計学とその成果であるセイバーメトリクス（SABRmetrics）[注5]について説明していきます。これは、アメリカ野球学会（*Society for American Baseball Research*）の略称であるSABRと、測定を意味するmetricsを組み合わせた造語です。

　セイバーメトリクスは、ビル・ジェームズという1人の野球ファンの提唱から始まり、当初は一部の好事家の間の趣味として広まりました。この趣味の輪が次第に広まり、ついにメジャーリーグ（MLB：*Major League Baseball*）の球団に導入されるに至ります。この過程はノンフィクション『Moneyball』（マネー・ボール）[注6]として出版され、アメリカではベストセラーとなり、ブラット・ピット主演で映画化もされました。現在ではメジャーリーグの球団の多くがこれを導入し、専門家を雇いチームを運営しています。

　このように、セイバーメトリクスの導入は、野球に大きな変化をもたらしました。チームの編成と戦術に変化をもたらし、これまではあまり評価されてこなかったタイプの選手が見出されるようになったのです。こうした変化が、『Moneyball』で取り上げられた資金力に恵まれないアスレチックス[注7]の躍進を支えたことで話題となったのですが、少々話題が先行して、セイバーメトリクスとは何かということが一部の人には少々誤解されて今日に至っている感もあります。たとえば、セイバーメトリクスとはアスレチックスのような貧者が取る戦法であるといったイメージを持つ人もいますが、これはセイバーメトリクスの位置側面を限定的に見たものと言えます。セイバーメトリクスとは、統計学の手法を用いて野球のデータを客観的に分析・研究すること総称であるというのが実態の理解としては正確です。

注5　「サイバーメトリクス」「セイバーメトリックス」など、日本語では若干の表記揺れはありますが同じものです。本書ではセイバーメトリクスで統一します。

注6　Michael Lewis, *Moneyball: The Art of Winning an Unfair Game*, W. W. Norton & Company, 2003.

注7　オークランド・アスレチックス（Oakland Athletics、OAK）。メジャーリーグのアメリカンリーグ西地区所属のプロ野球チームです。本拠地はカリフォルニア州オークランドにあるオー・ドットコー・コロシアムです。

Column

 早すぎたセイバーメトリシャン

　セイバーメトリクスの開祖と言うと大げさかもしれませんが、その始まりは1977年のビル・ジェームズの『Baseball Abstract』の出版がきっかけとされています。しかし、それよりもはるか昔、今から100年前にセイバーメトリクスと呼べるアプローチがあったと言われたら、信じられるでしょうか？

　1915年の『Baseball Magazine』において、F.C. Laneという記者が打率による打者の成績評価に疑義を投げかけています。1915年と言うと日本は大正4年で、第1回全国中等学校優勝野球大会（現在の全国高等学校野球選手権大会）が開催され、芥川龍之介が『羅生門』を執筆した年です。こう言われると、どれくらい昔のことであることがわかると思います。

　F.C. Laneは指摘します。「コインの枚数を数えるだけでいくら持っているかわかるだろうか？」と、これはシングルヒット、ツーベースヒット、スリーベースヒット、ホームランを同じ1安打としてカウントする打率という評価方法に対する批判です。同じヒットと言っても1本の価値が異なるのではないかという意味です。この指摘を元にF.C. Laneは独自の打撃指標を開発します。この打撃指標はそれほど有名にもならず歴史の中に埋もれていき、現在はビル・ジェームズに端を発する研究の中でさまざまな研究が進められています。

　そして、この問題に現在シンプルで大雑把な答えを出しているのが長打率という指標で、

長打率＝（シングルヒット＋2×ツーベースヒット＋3×スリーベースヒット＋4×ホームラン）÷打数

という形で、ヒットの種類によって異なる重みを付けて評価しています。これでは大雑把すぎるということでより精度の高い評価指標の開発が現在では進んでいます。驚くべきことに最新の研究成果による指標と遜色ない精度の指標をF.C. Laneも提案していたことが指摘されています[注a]。

注a　http://www.fangraphs.com/community/was-woba-actually-invented-nearly-100-years-ago

> 残念ながら、F.C. Laneの研究はこれ以外には特に報告がなく、こうした分析が拡大していくこともありませんでした。現在私たちが使っているPCのような高性能な計算機がまだなかった時代であったため、それもしかたのない話だったのかもしれません。
> セイバーメトリクスの開祖をF.C. Laneに書き換える必要はないと思いますが、このオーパーツのような先人がいたことも記憶にとどめておくべきでしょう。

経験則から統計学へのシフト

　セイバーメトリクスを語る場合データの分析に注目が集まりがちですが、そもそも野球という競技は豊富なデータによって語られてきたという側面を忘れてはいけません。打率に防御率など、どれも明確な数値によって表されるものです。特に、打率と防御率は19世紀にはすでにアメリカの歴史家でありスポーツライターであるヘンリー・チャドウィックによって開発・導入されています。野球のデータの歴史は短いものではありません。

　元から豊富なデータによって語られてきた野球においてセイバーメトリクスが特徴的だったのは、データの良し悪しを判断する基準として、それまでは経験則が用いられていたところに統計学を導入したことです。経験則は必ずしも悪いものではありません。優れた選手や指導者であれば、統計学では発見できないような重要なポイントを見い出し活用することが可能です。また、経験則とはこれまでの野球の歴史の中で培われてきた集合知でもありますから、普通に経験にのっとっていればおおむね正しい判断をすることが可能です。しかし、この「おおむね」というのが曲者で、経験則は時に誤った判断をしてしまいます。セイバーメトリクスが最初にやったのはこの経験則の洗いなおしで、その結果、一部のデータは勝利するために必ずしも重要ではないことがわかりました。こうした流れは、より「勝利するために重要な」データを求めて、既存の枠組みを越えて新しい評価指標の開発へと進むことになりました。

データ分析がなぜ必要なのか

新しい指標

　セイバーメトリクスで最初に成果を上げたのは、フォアボールによる出塁能力に着目したことでした。従来、打者は「ヒットを打ってなんぼ」という考えが主流で、フォアボールの多さはともすれば打席での消極性の表れとも考えられてきました。しかしデータを分析してみれば、フォアボールでの出塁はヒットでの出塁と同等の効果があることがわかりました。

　厳密に言えば、たとえば走者が一塁にいる場合、フォアボールで出塁した場合は二塁にまでしか進めませんが、シングルヒットを打てば走者は三塁から本塁まで進塁できる可能性があります。したがって、シングルヒット1本のほうが1回のフォアボールによる出塁よりもやや価値は高くなります。ただし、走者のいないイニングの先頭打者のシングルヒットとフォアボールによる出塁では、その後の得点確率に差がないという研究があります[注8]。「先頭打者をフォアボールで歩かせるのは、ヒットを打たれるより悪い」と解説者が言うことがありますが、データを見れば誤りであると言うことができます。

　このようなフォアボールの性質が明らかになるにつれ、フォアボールによる出塁能力も打撃能力の一部と考えてもよいことがわかりました。この能力は出塁率として現在は利用されています。この出塁率に加え以後さまざまな指標が開発され、現在でもそれは続いています。セイバーメトリクスと言うとこれらの新しい指標のことを指すと考える人もいるようです。それは間違いではありませんが、セイバーメトリクスの一端にすぎないと言えます。

　たしかに旧来の指標には問題のある指標もありますが、だからと言って新しい指標が完璧というものでもありません。セイバーメトリクスとはデータを活用することの総称にすぎないわけですから、あまり視野を狭めずに、必要とあらば旧来の指標を用いて分析することもまたセイバーメトリクスというべきでしょう。

注8　The Leadoff Walk　FanGraphs Baseball
　　　http://www.fangraphs.com/community/the-leadoff-walk/

究極の目標と現実的な運用

　セイバーメトリクスを進めていくうえで一つの究極とも言える目標があります。それは、選手を評価する絶対的な指標を作り上げることです。

　たとえば、来シーズンに向けてあるポジションに補強が必要で、獲得候補が2人いたとします。どちらの選手を獲得すればチームにより多くの勝利をもたらしてくれるのかを考えなければならないのですが、この判断を間違いなく行えるデータがあればたいへん便利です。このようなデータはできるだけシンプルであるほうがよく、打撃・投球・守備の3部門に1つずつ程度あれば理想です。

　仮にそのような指標があれば、一部のスキルある人がプログラムを作成してコンピュータで自動的に算出できるようにすれば、多くの人はその指標を利用すればよいだけなので統計学は不要なスキルとなります。その値の大小だけを比較すればすべてわかるというのがデータの究極の形です。しかしながら、今のところこのような究極のデータはないし、近い将来完成する見込みもありません。

　「セイバーメトリクスはそんな不完全なものしかできないのか」とがっかりした方もいるかもしれませんが、これはしかたのないところです。当たり前のことではありますが、セイバーメトリクスは魔法ではありません。現状を改善し得るツールのうちの一つであり、現在も発展途上にあるものです。「最善は善の敵になることがある」（The best is often the enemy of the good.）という格言がありますが、魔法のような最善（best）の効果を期待するのではなく、コツコツと善（good）を積み上げるように現実的に有用な情報を得ていくことが重要で、そのためには統計学の知識とスキルが必要になるわけです。

なぜ野球からイノベーションは起こったのか

　セイバーメトリクスの誕生、つまり野球への統計学の導入はほかのスポーツに先駆けるもので、以後さまざまな競技に統計学は導入されつつあります。ところで、なぜ野球という競技でセイバーメトリクスの誕生というイノベーションが起こったのでしょうか。

1 データ分析がなぜ必要なのか

● ──── **ビル・ジェームズの存在**

　直接的な原因としては、ビル・ジェームズという一風変わった野球ファンがいたことと、彼にデータを収集し分析する時間的余裕があったことです。このあたりの背景は、映画版の『マネーボール』ではカットされていましたが、書籍では紹介されています。

● ──── **データが充実している**

　この直接的な原因に加え、野球という競技には統計学が導入されやすい素地がいくつかありました。まず、野球という競技の人気があります。ファンの数が多いほど、ビル・ジェームズのような「ひとつデータを集めて分析してやろう」という一風変わったファンが現れる可能性は高くなります。これに加えて、セイバーメトリクスの誕生前から、野球はさまざまなデータが公開され話のタネとなってきたという歴史があります。また、記録として公開されていたということも重要で、いくらビル・ジェームズが分析を志しても、そのためのデータがなければ何もできなかったはずです。

● ──── **野球のデータの性質が統計解析に向いている**

　これに加え、野球のデータの性質が統計解析に向いていたということがあります。『メジャーリーグの数理科学』の著者であるJ.アルバートとJ.ベネットは、

野球の試合は離散的であるため、統計的な分析に向いている[注9]

と言っています。ここでいう「離散的」[注10]というのは、1つのプレーにある背景がそれほど多くないといった意味です。

　サッカーと対比させながら考えてみます。たとえば、野球では、1本のヒットによって、サッカーでは1本のシュートによって1点が入ったとします。

　野球の場合、ヒットを打つには投手が投げたボールを打つ必要がありま

注9　J.アルバート、J.ベネット著／後藤寿彦監修／加藤貴昭訳『メジャーリーグの数理科学　下』丸善出版、2012年、p.1

注10　データの性質として「離散型」と「連続型」という違いがあります。「離散型」とは、サイコロのように、前回の結果が次の結果に影響しないタイプのデータのことを言います。一方、「連続型」のデータは前回の結果が次の結果に影響するものを言います。厳密に言えば、野球も「連続型」のデータではありますが、背景となる情報が少なく、「離散型」に近いため「離散的」と少々あいまいに表現されています。

す。その際、背景となる情報には、塁上にいる走者の状況とアウトカウントがあります。走者のいる状況は8つのパターン、アウトカウントは0から2アウトまでの3パターンで計24の状況が生じます。これらの状況によって得点の入りやすさは異なり、期待値として数値化されています（**図1.6**）。ほかにも、ボールとストライクのカウントの進行や得点差、投手と打者の相性など細かい違いはありますが、ルール上明確に区別される状況はこの24の状況です。

　一方サッカーでは、シュートを打つ位置が自由です（間接フリーキックとペナルティキックを除く）。また、シュートに至るまでに何本かのパスを経由するケースがほとんどですが、そのパスの経由パターンは無数にあると言ってよいでしょう。このように背景が複雑な場合、シュートで1点を取ったとしても単純に得点者の能力とは言えなくなります。

　サッカーように背景が複雑なデータは、分析するためには複雑な背景を整理して処理するための高度なスキルを必要とします。一方野球の場合は、比較的初歩的な統計スキルを用いても分析が可能です。どちらのタイプの競技から統計学が導入されやすいかと言うと、やはり野球のような競技ということになるわけです。

　長くなりましたが、野球という競技は、その性質から統計学が導入されやすい素地を持っていました。この性質は統計学を学ぶ題材としても適したものです。

図1.6　プロ野球の状況別得点期待値（2013）

		走者						
		なし	1塁	2塁	3塁	1・2塁	1・3塁	2・3塁	満塁
アウトカウント	0アウト	0.446	0.839	1.022	1.452	1.410	1.736	2.108	2.201
	1アウト	0.233	0.482	0.713	0.873	0.868	1.128	1.346	1.449
	2アウト	0.088	0.219	0.344	0.365	0.407	0.556	0.679	0.828

1.4 多領域への汎用性

　本書の目的は、野球のデータを用い、統計学の知識とスキルを学ぶことです。野球を選んだ理由は、セイバーメトリクスという形ですでに統計学が導入され一定の成果を上げていることと、野球という競技の性質が初歩的な統計学の学習に適しているためです。

　統計学は多くの領域へ応用されており、領域によって好まれるスキルや技法はありますが、基本的な部分は共通です。たとえば、先ほど紹介したネイト・シルバーは、2012年合衆国大統領選挙の結果を統計的に予測する前は、野球を対象とした PECOTA (*Pitcher Empirical Comparison and Optimization Test Algorithm*) と呼ばれる投手の成績予測システムを開発したことで有名です。

　統計学のスキルを身に付けてしまえば、選挙の結果と野球というまったく異なる領域も、結局ラベルの違いということになります。一度何かをテーマにしてスキルを身に付けてしまえば、あとはラベルを変えてほかの領域に移っていくことはそれほど難しいことではありません。初歩的な統計学を学習する練習の場として本書を活用していただければと思います。

第 2 章

データ分析の
基礎知識

野球にちりばめられた記録の意味

本章では、データ分析を行ううえでの基礎となる部分について解説をしていきます。何事においても基礎は大切ですが、統計学においても例外ではありません。また、データを分析していると、思ったようにいかないことがしばしばありますが、そのようなときは、本章で紹介する基礎の部分を確認することで問題解決の糸口につながることも珍しくはありません。

2.1 数値が表すもの
そもそもデータとは何か

　まず、そもそもデータとは何かということを説明しておきます。と言っても、あくまでも本書で扱う数値データとは何かという意味で理解してもらえればと思います。

　データとは何かと言うと、それは表現の一形式ということになります。たとえば、2015年のパ・リーグ[注1]で首位打者（最も打率の高い打者）だった柳田悠岐選手について、ファンのA氏は「すごい！」と言いました。また、ファンのB氏は「ヤバい！」と言ったとします。一方、某野球評論家は「天晴れ！」と言ったとしましょう。こうしたファンや評論家の言葉は、打者の成績に対する感想であり評価でもあります。

　一方、柳田選手の成績を数値で表現した場合、502打数の182安打で打率.363[注2]になります。数学は科学の言葉とも言われますが、数値という少々表現が特殊な言葉で評価されたもので、ファンや評論家と同じ対象を見ていることには変わりません。異なるのは、**図2.1**に示したように表現のための形式です。評価する方法にはさまざまな形式があり、数値もその一つであるということです。

　こうした表現の形式にはそれぞれメリットとデメリットがあります。言葉による表現の場合、時として何でもない1人のファンの言葉が真実をとらえるというメリットがあります。しかし、言葉での評価には、価値を共有しにくいというデメリットがあります。先ほどの例で言えば、「すごい！」も「ヤバい！」も「天晴れ！」も同じ意味として使われていたと考えることができますが、同じ言葉でも人によって使い方が異なる場合もあり、伝言ゲーム

注1　2017年現在、日本のプロ野球はセントラル・リーグ（セ・リーグ）とパシフィック・リーグ（パ・リーグ）2リーグ制を採用しています。セ・リーグは、ヤクルト、巨人、阪神、広島、中日、DeNAの6チーム、パ・リーグは、ソフトバンク、日本ハム、ロッテ、西武、オリックス、楽天の6チームから成ります。

注2　打率を含む野球での確率の多くの表記は、例に挙げた打率.363（＝0.363、36.3%）のように、0を省いた表記が用いられます。また、打率.363の場合、3割6分3厘という単位で読まれます。ほとんどありませんが、厘の単位で成績が並び優劣を付ける必要がある場合、厘の下の毛という単位まで値が求められます。

のように少しずつ認識がズレていくようなことも珍しいことではありません。

　数値の長所は、価値の共有が容易であるという点です。打率を議論したければ、計算違いがない限りは同じ評価になります。ただし、数値が物事を完璧にとらえることができるわけではありません。数値化の過程でこぼれ落ちていく情報というものはどうしても出てきてしまいます。たとえば打率の場合、ボテボテの打ち損じのゴロが内野を抜けた場合も、完璧にとらえたホームランも同じヒット1本とカウントされてしまいます。こうした問題点をファンや評論家が直感的に見抜いて言葉にする場合もあります。どちらが優れているというものでもなく、お互いのデメリットを補うよう補完的に役立てるのが正しい使い方です。

　わざわざ断る必要のないことだったのかもしれませんが、データや数値と言われると、何か無機質で機械的なものをイメージしてそれだけで敬遠したくなる人がいるかもしれませんが、同じもの（本書では野球）を見て言葉の形式が違うだけなのだという認識を持てば、少しは苦手意識も和らぐかもしれません。

データの種類

　これまで何気なく「数値」という言葉を使ってきましたが、実は同じ数値

図2.1　評価の形式について

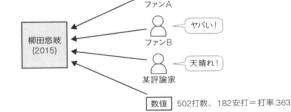

同じ対象の評価するための形式が異なるだけ

であってもいくつかの種類があります。

たとえば、ある選手がヒットを打ったとします。次の打席でもヒットを打った場合、その試合でのヒットの数は1＋1で2本になります。わざわざ解説するまでもないような計算ですが、次のような場合はどうでしょう。あるチームの背番号1の選手と背番号2の選手がいたとします。この2人の選手を足すと背番号3の選手になるかというとそんなことはありません。

このように、数値であっても使い方によっては計算に用いることができないケースがあります。これは、データの種類が異なることが原因です。データの種類は**表2.1**のように分類できます。以下、各データについて解説していきます。

● ……… 名義データ

名義データは、数値をラベルとして用いるようなケースが該当し、先ほどの背番号もこれにあたります。日常的な例としては、書類に生年月日を記入する際、次のような形式となっている場合があります。

1. 明治　　2. 大正　　3. 昭和　　4. 平成

該当する年号に○を付けるという形式なのですが、これなどは名義データにあたります。名義データは項目に数値が割り当てられただけなので、数値の大小に意味はありません。そのため、たとえば、

1000. 明治　　5. 大正　　100. 昭和　　2000. 平成

となっていても、年号の識別はできるのでこれでも大丈夫なのです[注3]。

野球における背番号も選手を識別するために付けられているので、誰が

注3　もっともこんなことをしても、のちの集計が面倒になるだけなので誰もやりませんが……。

表2.1 データの種類

分類	データの種類
質的データ	名義データ
	順序データ
量的データ	間隔データ
	比率データ

何番であってもよく、届け出れば変更することも可能なわけです。識別だけが目的なので数値の大小に意味はなく、基本的に計算に用いることはできません。先ほどの例で背番号を計算に使っても意味がないのもこのためです。

● ········ 順序データ

順序データはその名のとおり、順序を表す場合に主に使われるデータです。野球においては、リーグ戦の順位表をイメージするのがわかりやすいかと思います。順序データでは、2（位）よりも1（位）のほうが、3（位）よりも2（位）のほうが優れているといったように、数値間の大小関係を比較できます。

図2.2に2015年の順位表を示します。この順位表を見れば順位間のゲーム差には違いがあり、順位間の間隔は一定ではないことを確認できます。2（位）と1（位）の差と、3（位）よりも2（位）の差は必ずしも同じではないということです。したがって、2から1を減算するといった計算を順序データですることはできません。

図2.2 2015年のプロ野球順位表

順位	チーム	2015年　セ・リーグ					
		試合	勝利	敗北	引分	勝率	差
1位	ヤクルト	143	76	65	2	.539	—
2位	巨人	143	75	67	1	.528	1.5
3位	阪神	143	70	71	2	.496	6.0
4位	広島	143	69	71	3	.493	6.5
5位	中日	143	62	77	4	.446	13.0
6位	DeNA	143	62	80	1	.437	14.5

順位	チーム	2015年　パ・リーグ					
		試合	勝利	敗北	引分	勝率	差
1位	ソフトバンク	143	90	49	4	.647	—
2位	日本ハム	143	79	62	2	.560	12.0
3位	ロッテ	143	73	69	1	.514	18.5
4位	西武	143	69	69	5	.500	20.5
5位	オリックス	143	61	80	2	.433	30.0
6位	楽天	143	57	83	3	.407	33.5

このように、基本的には計算に用いることができない名義・順序データを合わせて「質的データ」と呼びます。こうした質的データを用いた統計解析法もあることはあるのですが、スキルとしては高度で少々難しいので本書では取り上げません。

● ……… 間隔データ

間隔データは、データ間の間隔が等しいデータのことを言います。間隔が等しいので、名義データや順序データではできなかった計算をすることも可能です。本書で扱う野球のデータでこれに該当する例を挙げるのは難しいのですが、日常的な例としては摂氏や華氏で表される温度がこれに該当します。

1℃と2℃、2℃と3℃の間隔はそれぞれ1で同じ大きさになります。このようなデータを間隔データというわけですが、もう一つの特徴として0(原点)の性質があります。

温度(℃)の場合、0℃は「温度がない」というわけではなく、水が凍る温度を0℃と定めているだけです。ちなみに、温度がない状態を絶対零度と言いますが、これは摂氏ではなく絶対温度(K)で表されます。この絶対温度は後述する比率データになります。

例外的な用法として、アンケートなどである質問に回答したとき、次のような形式で回答を求められたことはないでしょうか。

1. 満足していない　　2. あまり満足していない
3. 満足している　　　4. たいへん満足している

厳密に言えば、これは間隔データではなく順序データになります。回答の項目間の間隔が人によって異なるため、満足度は1＜2＜3＜4という項目間の大小関係しか確かではないためです。しかし、こうしたデータを、項目間の間隔が等しいとみなし間隔データとして扱い、順序データでは使えない計算を行う場合もあります。あくまで厳密な態度をとれば本来やってはいけないことなのですが、そうした分析で一定の成果を上げている分野もあるので、個人的には問題ないとは思います。

● ……… **比率データ**

最後の比率データは、間隔が等しく、0という値が間隔データのような任意の値ではなく、文字どおり0であるデータを言います。たとえば、野球での得点が0というのは、得点が1点も入っていない状態を意味します。

この比率データと間隔データの関係は少しわかりにくいので、間隔データで紹介した温度（間隔データ）と絶対温度（比率データ）の関係を**図2.3**に整理しました。

絶対零度から始まる比率データに対し、間隔データである温度（摂氏）は、水が凍る温度を0と定めてそこから等間隔にデータを取ります。

本書で扱う野球のデータの大半は比率データに該当し、さまざまな計算に用いることができます。

以上の間隔データと比率データを合わせて量的データと言います。量的データは計算をすることが可能であると考えてもらって大丈夫です。この量的データを用いた分析を定量的分析と言います。

● ……… **コンピュータはわかってくれない**

以上の4つのデータの種類を説明してきましたが、注意したいのは、コンピュータは数値を見ただけでは、それがどの種類のデータにあたるのかを判断できないということです。コンピュータにデータを入力した場合、特に指定がない限りは比率データとして認識されます。

そのため、背番号どうしの足し算といった本来やってもしかたがない計算を、コンピュータは名義データとは気付かずに行ってしまうことがあります。これは、コンピュータを扱う人間が対応しなければならないことです。したがって、コンピュータにデータを入力する場合、数値を羅列する

図2.3 データの種類

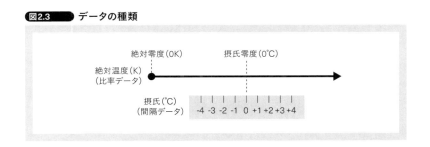

だけではなく、数値の頭にラベルを付けて識別できるようにしておきます。どこに何のデータがあるかを見やすく表示しておくことは、のちのミスを防ぐためにも非常に重要な作業です。

ところで、Excelでは一般に、**図2.4**に示したように行に各選手のデータ(サンプル)を、列に各種の指標(変数)を入力することが多く、本書でもそうしています。別に行列逆でもかまわないのですが、ほかの統計ソフトでもおおむねこの形式なので、これに慣れてもらえればと思います。

余談ですが、このような行列の関係になったのは、Excelではバージョン2003までは列の数の上限が256だったことが影響しています。列方向にサンプルを入力した場合、上限が256というのは少なすぎるために、行方向にサンプルを、列方向に変数を入力するようになったのではないかと思います。現在のバージョンではこれよりも拡張されていますが、依然として上限は行方向のほうが多いのでこれまでどおりの形式が続いています。

図2.4 データ管理の例

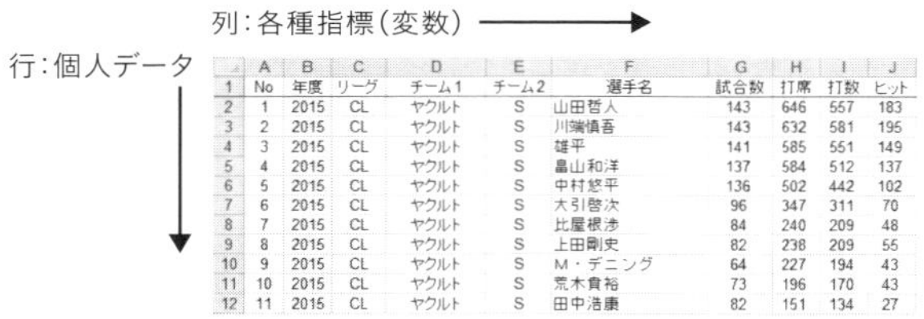

	A	B	C	D	E	F	G	H	I	J
1	No	年度	リーグ	チーム1	チーム2	選手名	試合数	打席	打数	ヒット
2	1	2015	CL	ヤクルト	S	山田哲人	143	646	557	183
3	2	2015	CL	ヤクルト	S	川端慎吾	143	632	581	195
4	3	2015	CL	ヤクルト	S	雄平	141	585	551	149
5	4	2015	CL	ヤクルト	S	畠山和洋	137	584	512	137
6	5	2015	CL	ヤクルト	S	中村悠平	136	502	442	102
7	6	2015	CL	ヤクルト	S	大引啓次	96	347	311	70
8	7	2015	CL	ヤクルト	S	比屋根渉	84	240	209	48
9	8	2015	CL	ヤクルト	S	上田剛史	82	238	209	55
10	9	2015	CL	ヤクルト	S	M・デニング	64	227	194	43
11	10	2015	CL	ヤクルト	S	荒木貴裕	73	196	170	43
12	11	2015	CL	ヤクルト	S	田中浩康	82	151	134	27

2.1 数値が表すもの　そもそもデータとは何か

Column

やってしまいがちな誤用
―― 順位と勝率

　普通にデータを扱っていれば、背番号の足し算といったあり得ない計算をすることはないのですが、やってしまいがちなデータの種類による計算の誤用には、順序データが多いように思います。たとえば野球の場合、何の雑誌だったかは忘れましたが、あるチームのこの10年間の平均順位というものを算出して議論していた記事があったと記憶しています。

　しかし、順序データの間隔は一定ではありません。したがって、2015年の1位と2014年の1位の成績は異なる以上、数値の持つ意味も異なってきます。というわけで、平均順位という値は、数値上計算することはできますが、まったく意味をなさない数値であることになります。順位の数値が1から6まで並んでいるのでついつい計算してしまったのかもしれませんが、意味のない数値を根拠に議論を展開してしまっては、議論自体が意味のないものになってしまいますので気を付けたいところです。

　ではどうすればよいかと言うと、野球の場合だと勝率は比率データなので、これを使って計算するのが正解と言えます。分析の前には、まずは扱うデータの種類がどれにあたるのかをよく確認しておくようにしてください。

2.2 記述統計

統計学は、その目的から大きく2種類に分類できます。それらは、「記述統計」と「推測統計」と呼ばれています。

2つの統計学 —— 記述統計と推測統計

収集された時点のデータは、ただの数値の羅列にすぎません。そこからデータが持っている意味や特徴を示すのが記述統計です。たとえば、後述のデータの平均値などは記述統計にあたります。

一方、推測統計とは、集めたデータからより大きな全体の特徴を推測していくことを言います。これは、世論調査のようなケースが当たります。本書では、主に第4、6、7章で取り扱います。

いざデータを集めて分析し始めると、これは記述統計でこれは推測統計といちいち区別する必要はそれほどないのですが、統計学を行ううえでの大きな方向性の違いと認識してもらえればと思います。

代表値 —— データを要約する

図2.5は、ヤクルトの山田哲人選手の2015年の開幕10試合分の打撃成績を示しています。ざっと表を見てもらった印象として、この成績は良い成績と言えるのでしょうか。それとも悪い成績と言えるものでしょうか。表中の「ヒット」を追いかけていけばなんとなく成績は見当が付くかもしれません。10試合終了時点での成績は、打率.349、2本塁打の7打点で3盗塁という成績でした。一般的な感覚で言えば良い成績と言ってよいでしょう。データを見た印象は当たっていたでしょうか。

このように、データ数(サンプル)がそれほど多くなければ、なんとなくデータを見た印象でも評価することはできますが、データの量が増えてく

ると、見た目の印象だけで判断するのは至難の業になります。これは人間の限界と言えるものなので、目を凝らす訓練をするよりは、集めたデータを要約してその意味をつかんだほうが現実的です。

データを要約する方法の1つに代表値があります。データ全体が持つ特徴を1つの数値に代表させて表現させるので代表値と呼ばれています。代表値には、平均値・中央値・最頻値の3種類があります。データ全体が持つ特徴を表現する方法が3つあるというだけで、計算結果が大きく異なるということはあまりないのですが、それぞれの代表値の意味と計算方法は理解しておくべきです。

●………平均値(Mean)

平均値は日常的に目にすることが多く、馴染みのある数値ではないかと思います。データを合計し、個数で除算した値が平均値になります。先ほど紹介したデータの種類の中から、間隔データと比率データを用いて計算することが可能です。一方、データを合計するという計算過程を含むため、名義データと順序データから平均値を求めることはできません。

Excelでは、AVERAGE関数で計算できます。平均値を出力したいセルを選択し、「数式」→「関数の挿入」からAVERAGEを選び、データの範囲を指定します。

図2.6に示すのは練習用のダウンロードデータです。図の平均値の右横

図2.5 山田哲人選手の2015年の開幕10試合の成績

	打席	打数	ヒット	ホームラン	打点	三振	フォアボール	送りバント	盗塁	エラー
1試合目	6	5	2	0	0	0	1	0	2	0
2試合目	4	4	1	0	0	2	0	0	0	0
3試合目	4	4	0	0	0	1	0	0	0	0
4試合目	4	4	2	0	0	0	0	0	0	0
5試合目	4	3	1	0	0	1	1	0	0	0
6試合目	5	4	2	2	6	2	1	0	0	0
7試合目	5	4	1	0	0	0	1	0	0	1
8試合目	4	3	2	0	0	1	2	0	1	0
9試合目	4	4	1	0	1	0	0	0	0	0
10試合目	4	4	2	0	0	0	0	0	0	0

のセルを選択した状態で関数からAVERAGEを選び、データの範囲として「AA2:AA186」を選択すると、打率の平均値である.251が選択したセルに出力されます。「AA」とは打率が表示されている列ですが、これを「AB」に変更すれば出塁率の平均値も計算できます。

このように、Excelでは関数として事前にさまざまな計算が組み込まれています。この機能を活用することで、一つ一つ電卓で計算するよりもずっと楽に、大量のデータを扱うことができます。以降紹介するほかのExcel関数については、AVERAGE関数と同様にデータ範囲のみ指定すればよいものは、関数名を紹介するだけとします。関数によってはほかに指定する情報もありますので、その場合は解説を加えていきます。

ところで、「数式」→「関数の挿入」という操作を経由しなくても、セルに直接関数を入力することもできます。たとえば平均値の場合、セルに「=AVERAGE(AA2:AA186)」を直接入力すると平均値が出力されます。慣れてくるとこちらのほうが早くできると思いますし、関数の一部を入力すれば候補の一覧が提示されますので、さらに入力は楽になります。よく使う関数は綴りを覚えてしまうと便利でしょう。小さいことですが、作業の量が多くなるとこうした小さなことが積み重なってばかにならない量となります。なるべく楽をするスキルを身に付けたほうが、作業ミスを減らすことにもつながります。

● ……… **中央値(Median)**

データを大きさの順番に並べてちょうど中央にあたるのが、その名のとおり中央値です。順序、間隔、比率データで求めることができます。質的データのうち、順序データでも計算できるのが平均値との違いです。名義データは数値の大きさに意味を持たないので、中央値を計算できません。

図2.6 データの例

AA	AB	AC	AD	AE	AF	AG	AH	AI	AJ
打率	出塁率	長打率	BABIP	ISO	三振率	フォアボール率	z打率		打率
.329	.416	.610	.353	.282	17.2%	8.9%		平均値	
.336	.383	.439	.372	.103	11.4%	13.8%		中央値	
.270	.307	.388	.304	.118	14.0%	12.5%		最頻値	
.268	.344	.471	.276	.203	15.8%	4.5%			
.231	.299	.276	.276	.045	15.9%	14.8%		標準偏差	

計算方法は、データの個数(n)によって異なります。データの個数が奇数の場合、中央の値、(n + 1) ÷ 2番目の値がそのまま中央値になります。一方、データの個数が偶数だった場合中央の値は存在しないので、前後の値の平均値が中央値となります。

- **データ数が奇数(n＝5)**：1, 2, 3, 4, 5
  → 中央値＝3
- **データ数が偶数(n＝6)**：1, 2, 3, 4, 5, 6
  → 中央値＝(3＋4)÷2＝3.5

データの個数によって計算式が変わるのは少々面倒ですが、Excelの関数ではMEDIAN関数を使うことで、データの個数を自動的に判断して計算してくれます。平均値でAVERAGE関数を使ったのと同じ方法で中央値を計算することが可能です。

● **最頻値(Mode)**

最頻値は、データの中で最も多い値のことを言います。名義データを含むすべてのデータを使って求めることができます。ただし、事前に最頻値が必要かどうかをよく吟味して計算する必要があります。最頻値が求められるのは、たとえば、アンケートを取ってどのくらいの年代の回答者が最も多いのかといった、何が一番多いのかという情報が必要なときです。ここをよく考えずに名義データの背番号を使って背番号の最頻値を求めたとしても、等に役に立たない値が出てきて終わりです(クイズにはなるかもしれません)。すべてのデータで計算できるのは便利ですが、使い方を選ぶ値と言えます。ExcelではMODE関数で最頻値を計算できます。計算の方法はAVERAGE関数と同じです。

● **代表値の使い分け**

ここまで紹介した3種の代表値ですが、3つもあってどれを使ってよいか困ってしまう人がいるかもしれません。極論してしまえば、平均値があればたいていのことは大丈夫です。名義、順序データといった平均値を計算できない場合は中央値や最頻値の出番ですが、機会としてはそれほど多くはないと思います。

2.3 データの散らばりをつかむ

ここまで紹介してきた代表値は、データの特徴を1つの値で表したものです。便利な数値ではありますが、1つの値では限界があり、時に面倒なことが起こります。

本書では、例をわかりやすくするために極端な架空の2チーム（A・B）の成績を考えます。AチームとBチームの1から4番までの打者の打率が**図2.7**に示すような成績だったとします。細かい設定として、5番以降の打率と打席数は同じ、表の8人の打席数も同じであるとします。したがって、この2チームの違いは4人の打率のみということになります。

この2チームの平均を求めると同じ.250という値になりますが、2チームは同程度の打撃能力と言ってよいでしょうか。単純に同程度であるとは言えないと思います。Aチームは.250に近い打率の打者が多いのに対し、Bチームは極端に打率の高い選手と低い選手の構成になっているからです。平均値という1つの代表値で判断をしようとすると、こうした2チームの違いを見分けることができません。

この例のように、データを見る対象が少数であれば、一人一人の成績を吟味していけば違いに気付くことはできますが、対象の数が多い場合は、人間の目で見極めることは難しくなります。ここで示した例は極端なものですが、データを集めた際に、少数の極端な数値のサンプルが全体の特徴を歪めてしまうというのは珍しいことではありません。

図2.7 架空のチームの1から4番の打率

打率	1番	2番	3番	4番	平均
Aチーム	.260	.245	.255	.240	.250
Bチーム	.300	.200	.310	.190	

2.3 データの散らばりをつかむ

分散と標準偏差 —— データの散らばりを数値化する

こうした問題を解決するには、先ほどの例に挙げたようなAとBの2チームの違いを数値として示す必要があります。AとBの2チームの平均値は等しいですが、平均値から個々の選手の成績との差に違いがあります。このような平均からの差をデータの分散と言います。

データの分散を計算するにはいくつかの手順を踏みます。まず、個々のデータから平均値を減算します。この値を偏差と言います。この偏差を2乗した値を合計し、データ数で除算した値が分散です。

この分散がデータの散らばりの程度を示す値なのですが、偏差を2乗した値を合計しているので、打率のように1未満の数値は非常に小さな値に、1より大きい値は非常に大きな値となってしまい、元の値からかけ離れた数値となってしまっています。

これではわかりにくいので、分散の値の平方根である標準偏差を使うことが多いです。標準偏差はSTDEVP関数で計算できます。

例に挙げた、AとBの2チームの標準偏差の計算過程を**図2.8**に示します。平均値は同じでも、標準偏差はAチームが.008でBチームが.055と違いが明確になって表れます。標準偏差を見ることで、Aチームのほうが平均値に対して散らばりの小さいチームと言えます。このように、代表値を計算した場合には、標準偏差も添えて、「平均値」「平均値＋標準偏差」「平均値－標準偏差」という3つの値を示すことで、データの散らばりの範囲を示すことができます。図2.8の例で言えば、Aチームの場合は平均値.250に対して.242（平均値－標準偏差）から.258（平均値＋標準偏差）が標準偏差の示す

図2.8 AチームとBチームの違い（分散と標準偏差の計算）

		1番	2番	3番	4番	合計	→	分散	→	標準偏差
Aチーム	打率	.260	.245	.255	.240					
	偏差（打率－平均）	.010	-.005	.005	-.010	データ数(n)で除算		平方根		
	偏差^2	.00010	.00003	.00003	.00010	.00025	→	.00006	→	.008
Bチーム	打率	.300	.200	.310	.190					
	偏差（打率－平均）	.050	-.050	.060	-.060					
	偏差^2	.00250	.00250	.00360	.00360	.0122	→	.00305	→	.055

範囲となります。一方Bチームの場合は、平均値.250に対して.195（平均値－標準偏差）から.305（平均値＋標準偏差）が標準偏差の示す範囲となります。

四分位偏差

　データを大きい順番に並べ4分割したときの、上から25％と下から25％にあたる値を四分位偏差（Quartile Deviation：Q）と言います。ちょうど50％にあたる中央値とセットで示すことで、中央値±25％とデータ全体の半分の分布を示すことができます。

　この分位というのは、データを分割した際の境目にあたる値のことを言います。四分位だとデータを4分割した境目なのでデータの小さいほうから25％、50％、75％の値が四分位となります。このうち25％の値を第1四分位（Q1）、50％の値を第2四分位（Q2＝中央値）、75％の値を第3四分位（Q3）と呼びます。この分割数を10にした十分位数（decile）、分割数を100にした百分位数（パーセンタイル：percentile）というものもあります。

　四分位偏差の関係を図で表したものが**図2.9**です。1から100までの数値を並べたときの25％、50％、75％の値を確認できるでしょうか。この図のように1から100までの数値であれば四分位偏差の位置を考えるまでもありませんが、実際に集めたデータを小さい順に並び替えて四分位偏差の値を探すのは大変ですので、Excelで計算するのがよいと思います。

図2.9 四分位偏差の各指標の位置付け

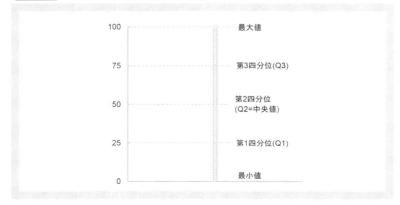

Excelを使用する場合はQUARTILE.INC関数を用います。

=QUARTILE.INC(データ範囲,戻り値)

データ範囲の指定はほかの関数と同じですが、戻り値という値を設定する必要があります。戻り値というのは、ここでは0から4の値を入力しますが、この値によって出力される結果が異なります。

- 0：最小値
- 1：第1四分位(Q1)
- 2：第2四分位(Q2＝中央値)
- 3：第3四分位(Q3)
- 4：最大値

この関数で四分位偏差だけではなく、最小値と中央値、最大値まで計算できるので便利な関数です。データの散らばりを表す値としては標準偏差のほうが使われることが多いのですが、25%という分割方法が直観的にわかりやすいというメリットが四分位偏差にはあります。

度数分布表 ── データの全体像をつかむ

ここまでに紹介した代表値や標準偏差は、データの持つ特徴をできるだけ少ない数値で表そうとするものです。ここでは逆にデータの全体像を表現する方法について紹介します。

その方法の一つが度数分布表です。データをいくつかの階級に分類し、それぞれの階級に該当するデータ数(度数)をまとめた表のことを言います。ここでは、打率の度数分布表を作成します。

図2.10は代表値の計算でも利用した練習用のデータです。データを用意したら、「データ」→「データ分析」を選択して、**図2.11**に示したように分析ツールの中から「ヒストグラム」を選んでください。

すると、**図2.12**のようなウィンドウが表示されます。このウィンドウの入力範囲に、打率のデータがある「AA2:AA186」を、データ区間には図2.10にある階級のデータ「AL2:AL14」を指定します。あとは「OK」をクリックすれば新しいシートに度数分布表が出力されます。あわせて、ここで「グラフ作成」にチェッ

クしておくと、のちほど解説することになるヒストグラムが出力されます。

データ区間に指定する階級の設定は任意ですので、あらかじめどのくらいの幅にしておくか決めておく必要があります。どのくらいに設定してよいか見当もつかない場合は、データ区間に何も指定せずに度数分布表を作成してみてください。自動的に設定して作成してくれます。しかし、あくまで自動的に作成するために、非常にキリの悪い階級の区分になってしまうと思いますので、この自動で作成された階級を参考に、再度階級を決めて度数分布表を作成することを勧めます。

図2.10 度数分布表作成例

打率	出塁率	長打率	BABIP	ISO	三振率	フォアボール率	z打率	打率	階級
.329	.416	.610	.353	.282	17.2%	8.9%		平均値	.100
.336	.383	.439	.372	.103	11.4%	13.8%		中央値	.125
.270	.307	.388	.304	.118	14.0%	12.5%		最頻値	.150
.268	.344	.471	.276	.203	15.8%	4.5%			.175
.231	.299	.276	.276	.045	15.9%	14.8%		標準偏差	.200
.225	.287	.338	.258	.113	16.1%	6.8%			.225
.230	.300	.301	.268	.072	15.8%	11.0%			.250
.263	.313	.306	.298	.043	12.2%	11.6%			.275
.222	.326	.345	.262	.124	18.9%	6.3%		最小値	.300
.253	.319	.335	.295	.082	15.3%	10.7%		第1四分位(Q1)	.325
.201	.272	.261	.226	.060	11.9%	10.5%		第2四分位(Q2=中央値)	.350
.317	.375	.431	.343	.114	10.1%	14.5%		第3四分位(Q3)	.375
.188	.246	.250	.222	.063	17.6%	10.0%		最大値	.400

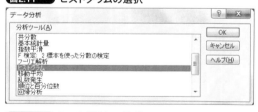

図2.11 ヒストグラムの選択

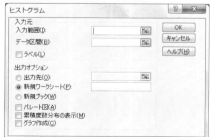

図2.12 ヒストグラムの作成

図2.13が出力された度数分布表です。2つ表がありますが、左の表の状態で出力されます。指定したデータ区間によって階級を分類していますが、その範囲は右の表のようになっています。この表をグラフ化したものをヒストグラムと言います。先述のとおり、図2.12にある「グラフ作成」をチェックすると自動的に作成できます。ヒストグラムは、データの全体像を視覚的な形として表現したものです。

正規分布 —— データの分布のカタチ

　図2.14は先ほどの打率のヒストグラムを描いたものです。このようなデータの全体像をデータの分布と言います。ところで、このグラフの形は、まったくのでたらめというよりはある程度の規則を持った、山型の形をしていることを確認できるかと思います。

　データを集めてヒストグラムを描いた場合、多くのデータでこのような形になることがわかっています。中程度の値の度数が最も多く、両側に行くほど度数は少なくなるという形です。これを正規分布と言います。図2.14のヒストグラムは少しいびつな形をしていますが、集めたデータの数が多くなってくると、最終的に正規分布に近似します。

図2.13　度数分布表

データ区間	頻度	データ区間 以上	データ区間 未満	頻度
.100	0		.100	0
.125	1	.100	.125	1
.150	1	.125	.150	1
.175	4	.150	.175	4
.200	12	.175	.200	12
.225	19	.200	.225	19
.250	48	.225	.250	48
.275	53	.250	.275	53
.300	32	.275	.300	32
.325	10	.300	.325	10
.350	3	.325	.350	3
.375	2	.350	.375	2
.400	0	.375	.400	0
次の級	0	.400		0

正規分布は、次の数式で表されます。

$$f(x) = \frac{1}{\sqrt{2\pi\sigma^2}} exp\left(-\frac{(x-\mu)^2}{2\sigma^2}\right)$$
平均:μ, 分散σ^2

統計では非常に重要な数式なのですが、Excelなど主要なソフトウェアが対応していて数式から自分で計算するような機会は少ないと思います。したがって、本書ではこの数式を特に覚えていただく必要はありませんが、こんな数式と分布の形であるということを確認しておいてください。

特に、平均値が0で分散の値が1の正規分布を標準正規分布と言い、次の数式で表されます。こちらも確認だけしておいてください。

$$f(x) = \frac{1}{\sqrt{2\pi}} exp\left(-\frac{x^2}{2}\right)$$

図2.15は標準正規分布の数式をグラフにしたものです。

図2.14のヒストグラムをより整えたような形をしていることを確認できると思います。この標準正規分布には**図2.16**のような性質があります。

平均から1標準偏差[注4]の区間に入る確率は34.13%と計算可能で、図中に

注4　標準偏差×1となる値のことです。同様に、標準偏差×2となる値のことを「2標準偏差」と言います。

図2.14　ヒストグラム

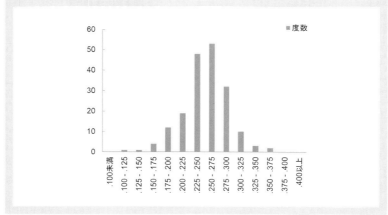

色を付けた、平均値 − 標準偏差から平均値 + 標準偏差の範囲に全体の68.26%、およそ2/3が入ることになります。この性質を利用すれば、平均値と標準偏差の値から、測定されたデータがどの程度大きい、もしくは小さいのかを判定できます。たとえば、測定したデータが平均値 + 標準偏差よりも大きければ、全体から見てもかなり大きなデータと言えます。

さらに、平均から2標準偏差の区間に入る確率を**図2.17**に示します。

図より、平均値 − 標準偏差から平均値 + 標準偏差の範囲に全体の95.44%

図2.15 標準正規分布

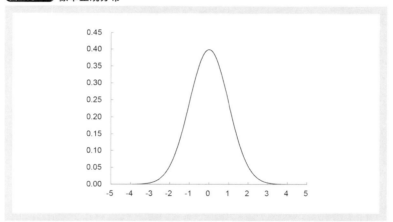

図2.16 1標準偏差の区間に入る確率

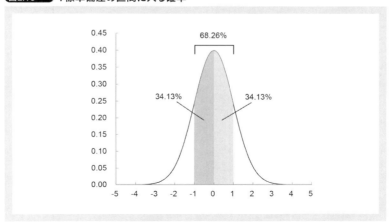

が入ることが確認できます。これはほとんどのデータが平均値から2標準偏差のうちに収まることを示しています。集めるデータによっては、平均値から2標準偏差の外側に該当するデータははずれ値[注5]として除外するような場合もあります。

データを収集した際、まずはそれぞれの指標についてヒストグラムを描き、分布の形を確認することをお勧めします。確認するポイントは、ヒストグラムの形が正規分布に近い形をしているかどうかです。一部の例外を除き、集めたデータの数が少ないと正規分布からずれた形になることが多いです。そのような状態のまま分析してもうまくいかないことが多いので、可能ならデータを追加する必要があります。

ただ、正規分布からずれた形をしているからと言って必ずデータが少ないわけではなく、例外の可能性もあります。これを確認するには、先例があればその情報を元に例外的な分布なのかどうかを判断できます。一方、先例がない場合は自ら判断するしかないのですが、集めたデータの数が少ない場合には判断は保留しておいたほうがよいです。判断の保留が許されない場合は、先例のないことやデータ数が少ないような状況を添えつつ、自らの判断を伝えたほうがよいでしょう。

注5　はずれ値については第5章であらためて説明します。

図2.17 2標準偏差の区間に入る確率

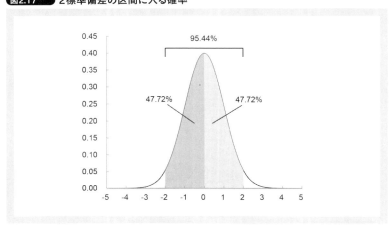

2.4 傑出度
データを変換しわかりやすくする

3割打者はなぜ優れているのか

野球において打者の良し悪しの基準として、打率3割が有名かと思います。3割を超える打者は優秀とみなされるのですが、なぜ優秀かというと、この基準を超える打者が少なく希少価値があるからです。このように、数値を見るだけでその成績の良し悪しがわかるというのは、野球の歴史が作り上げた経験知と言えるものです。

ところで、現代の野球では多くの新しい指標が開発されています。たとえば、2015年のヤクルトの山田哲人選手のwOBA[注6]は.430、RAR[注7]は113.3、WAR[注8]は12.7だったのですが、この値を見ただけで成績の良し悪しがピンとくるでしょうか。詳しい人であれば数値を見ればわかります。また、指標の解説を読めばガイドラインも提示されているのでそれを参考にすることはできます。しかし、野球では新しい指標が次から次へと生まれてくるわけですから、すべての指標のガイドラインを把握するのは楽ではありません。

こうした問題を解決する方法として、傑出度という評価方法があります。平均からどの程度優れていたかを示すものです。この傑出度のルールさえ覚えてしまえば、値を見るだけでその価値がわかります

この傑出度という評価方法は、元のデータから新しいデータに変換し、価値判断をわかりやすくしたと言えます。このように、データとは元の値から変換することで、その意味をよりわかりやすく示し利用することも可能です。

注6　Weighted On-Base Average。1打席あたりの得点増に貢献した価値を表す指標です。
注7　Runs Above Replacement。代替可能選手(*Replacement*)に比べて何得点分の価値があるのかを表す指標です。
注8　Wins Above Replacement。そのポジションの代替可能選手に比べてどれだけ勝利数を上積みしたかを表す指標です。

データの標準化

傑出度という指標は、便利なのですがすべてのデータに用意されているわけではありません。しかし、いくつかの情報があれば自分でも変換することはできます。その方法をデータの標準化と言います。元のデータの平均値と標準偏差の値を用いて計算します。

標準化とは、元のデータを平均0、標準偏差1の値に変換することを言います。変換後の値は、標準化得点（z得点）とも呼ばれ、次の計算式によって求められます。

標準化得点＝（元のデータ－平均値）÷標準偏差

標準化の便利なところは、元の値が正規分布に近似している場合、値を見ればどのくらいの傑出度であるか判断できるところにあります。図2.16や図2.17で紹介した正規分布の性質を利用したものです。たとえば、標準化得点が1.00だと上位約15.8%、2.00だと上位約2.2%であると判断できます。

図2.18は練習用のデータから打率の標準化得点を計算したものです。あらかじめ打率の平均値と標準偏差を計算しておく必要があります。この打率のデータはヤクルトの山田哲人選手のデータで、2.02となります。標準化得点が2.00を超えているので上位約2%程度の非常に優れた成績と言えます。

ところで、標準化された値は日常生活でも目にすることがあります。たとえば偏差値がそれで、成績の良し悪しの指標として用いられていますが、本来は次のような計算によって求められます。

偏差値＝（元のデータ－平均値）÷標準偏差×10＋50

図2.18 標準化得点の計算

	AA	AB	AC	AD	AE	AF	AG	AH	AI	AJ
1	打率	出塁率	長打率	BABIP	ISO	三振率	フォアボール率	z打率		打率
2	.329	.416	.610	.353	.282	17.2%	8.9%	=(AA2-AJ2)/AJ6	平均値	.251
3	.336	.383	.439	.372	.103	11.4%	13.8%		中央値	
4	.270	.307	.388	.304	.118	14.0%	12.5%		最頻値	
5	.268	.344	.471	.276	.203	15.8%	4.5%			
6	.231	.299	.276	.276	.045	15.9%	14.8%		標準偏差	.038
7	.225	.287	.338	.258	.113	16.1%	6.8%			

50を基準に標準化得点を10倍した値を加算したものが偏差値で、本来の意味は平均値からどれくらい離れた成績かを意味する値です。

非線形変換

データの標準化は、データを変換しても元のデータの関係性は変わらないという性質があります。たとえば、先ほどの山田哲人選手の打率.329と、同チームの川端慎吾選手の打率.336の間の関係は、標準化しても変わらないということです。このようなデータの変換法を線形変換と言います。

一方で、逆に関係性を変えてしまうデータの変換法もあります。これを非線形変換と言います。そんなことをしてはデータがめちゃくちゃになってしまうと思われるかもしれません。たしかに頻繁に使うことはないのですが、時としてそのほうがよい場合もあります。

たとえば、野球ではGB/FBという投手の成績があります。投手の打たれた打球のうちゴロ（GB）とフライ（FB）の比率（ゴロ数÷フライ数）を表したものです。一般に、ゴロよりもフライのほうがヒットになりやすいので、ゴロの多い（GB/FBの値が高い）投手のほうがリスクが低いために好まれます。

ここで、架空のA、B、Cの3投手のゴロとフライのデータを**図2.19**に示します。Bを中心に考えると、AとCはゴロとフライの本数が等間隔に10本ずつ差があります。しかし、GB/FBを計算すると、AとB、BとCの間隔は等しくありません。比率で表されたデータは間隔が等しくならないのです。このような間隔の等しくない値では、GB/FBの平均値を求めることができません。

こうした関係は、GB/FBの値の対数を取ること（対数変換）によって修正できます。対数変換とは非線形変換の1つで、ここでは10を底とする常用

図2.19 架空の3投手のゴロ（GB）とフライ（FB）

	GB	FB	GB/FB	log(GB/FB)
A投手	10	20	0.50	-0.30
B投手	10	10	1.00	0.00
C投手	20	10	2.00	0.30

対数を用います。常用対数とは、元の値を10の指数で表したものです。たとえば100は10の2乗と表すことができます。これをlog(100) = 2.00と表すわけです。この対数変換した値を用いれば、A、B、Cの間隔は図2.19の「log(GB/FB)」に示すように等間隔の値として扱うことができます。

対数変換は、ExcelではLOG10関数を使用することで計算できます。対数変換とは何かという話は本書では割愛しますが、たとえば、図2.19に示したA投手のGB/FBである0.50を対数変換する場合、

    =LOG10(0.50)

と入力すると、図2.19に示したように−0.30という変換された値が出力されます。0.50という値を直接入力するのではなく、Excel上でA投手のGB/FBが入力されているセルを指定してもかまいません。あまり頻繁に使うことはないので、本書での解説はこれにとどめておきます。

2.5 まとめ

　以上、第2章ではデータ分析の基礎知識を解説しました。基礎知識として理解しておくことも重要ですが、データを集めて分析する際には、目的にかかわらず確認しておくべき情報でもあります。

　つまり、データを集めたら、それぞれのデータの平均値を確認し、標準偏差も計算し、できれば度数分布表とヒストグラムもデータごとに作成しておくとよいということです。

　データ分析をしていると、思ったような結果にならないことは珍しくありません。そうしたとき、あらためてこれらのデータを確認すると問題を把握できるようになることもあるので、データを集めるときは保険と思ってどのようなデータであっても用意しておくことをお勧めします。

第3章

グラフの作成

データの可視化で見えてくること

本章では、Excelのグラフ機能を使ってデータを視覚的に表現し、わかりやすく伝える方法を解説します。データを伝えることは、データを分析することと同じくらい重要なことです。そしてデータの種類によって、伝わりやすい表現の方法はさまざまです。本章で紹介するのはその一端ですが、基本的な図表の作成方法は押さえていますのでチャレンジしてみてください。

3.1 データを可視化するメリット

第3章 グラフの作成

　本章では、データを可視化して表現する方法を紹介します。前章では少しフライングしてヒストグラムを紹介しましたが、データは数値や数式だけではなく、視覚的な図として表現するという方法もあります。本章ではその方法や、どのようなデータに対しどのような図を適用すべきかを解説します。

　データを可視化するメリットは次の2点です。

直感的にわかりやすい情報を示すことができる

　人間とは、元来視覚的な情報の処理に長けています。そのため、情報を数値や数式で示すよりも、視覚的な形として示したほうがわかりやすいことが多いです。数学に習熟してくると、そうした視覚的な情報などなくても数式を見るだけで、数式が示すイメージを頭の中に作り出すこともできるようになりますが、そういう器用なことができる人はごく一部と言ってよいでしょう。また、現代の統計学の需要の高まりによって、数学や統計学に精通していない人であっても統計的なデータを必要とするようなケースも珍しいことではなくなりました。そういう人には、数式を丁寧に説明するよりも、データを視覚的に提示したほうが有効です。

　『ビッグデータ・ベースボール』[注1]にも、視覚的に示された情報であれば、メジャーリーグの選手たちにも情報が受け入れやすいことが描かれています。視覚的な情報は、人と共有するのに便利な方法です。人に見せることを想定してデータを集めた場合、視覚化するところまでをセットと考えておくとよいと思います。

注1　Travis Sawchik 著／桑田健訳『ビッグデータ・ベースボール──20年連続負け越し球団ピッツバーグ・パイレーツを甦らせた数学の魔法』KADOKAWA、2016年

自らの直観・気付き・ひらめきを導くのを助ける

　もう一つのメリットは、自らの直観・気付き・ひらめきを導くことができることです。人に伝えるためにわかりやすい情報は自分にとってもわかりやすく、視覚的に整理された情報として見ることで、新しい気付きにつながることがあるということです。

　たとえば、統計解析を行った結果を見て、「これはどう解釈したものか」と困ってしまうようなことは、データを分析していればよくあることです。このような場合、頭を抱えて悩んでいてもなかなか良い答えが出てくることはなく、データを視覚的に整理していくことで「なんだそういうことか」という発見が生まれることがよくあります。また、ほかの人の分析結果を説明してもらっているとき、図から感じた違和感から新しい道が開けるのも珍しいことではありません。

　このようにデータの可視化は、人に伝える場合にも自分の理解を助ける場合にも非常に有効なツールとなります。前章の記述統計で紹介した平均値や標準偏差を目的にかかわらず計算しておいたほうがよいと述べたのと同じく、データを集めた際には目的にかかわらず、できるだけ視覚化しておいたほうがよいです。

　ところで、本章で紹介するようなデータの可視化の方法については、普通の統計本にはそれほど詳しい解説はありません。特に説明はなく、さまざまなグラフが提示されていることがほとんどです。厳密に言えばグラフの作成方法は統計学ではないのでしかたのないところなのですが、昨今の統計学の需要の高まりを考えると、統計学とはセットのスキルとして考えてもよいと思います。というわけで、本章ではグラフの作成方法を解説します。

3.2 各種グラフの作成

棒グラフ1 ── データ間の大きさの違いを比較する

　最初に紹介するのは棒グラフ（*Bar Graph*）です。棒（BAR）の高さが値の大小を示すグラフで、比較的目にすることの多いかと思います。また、前章で紹介したヒストグラムもこの棒グラフで、階級ごとの度数を棒の高さで示しています。

● ……… チームの勝率を比較する

　例として**図3.1**に、2015年のセ・リーグ各チームの勝率を比較した棒グラフを示します。

　このグラフを作成するには、**図3.2**に示すようにデータを並べ、そのデータを選択した状態で「挿入」のリボンを選択してください。そこで、「縦棒」を選択すると、**図3.3**に示すようなグラフの候補が提示されます。ここで

図3.1 2015年セ・リーグ各チームの勝率の比較

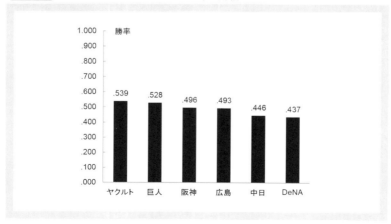

は「2-D縦棒」の一番左を選択します。Excelでグラフを作成する場合は、おおむねこのような手順となります。

図3.1に示したグラフは勝率が.000を起点としていますが、設定によって変えることもできます。**図3.4**に起点を勝率.500にしたグラフを示しま

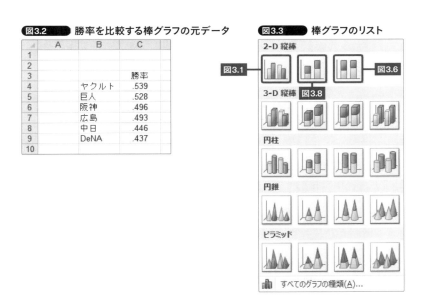

図3.2　勝率を比較する棒グラフの元データ

図3.3　棒グラフのリスト

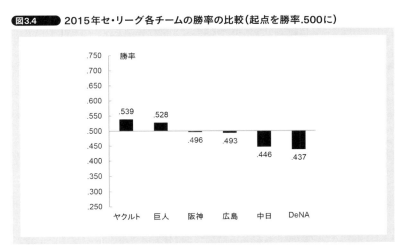

図3.4　2015年セ・リーグ各チームの勝率の比較（起点を勝率.500に）

す。このように、起点以下のデータは下向きのマイナス方向に伸びるグラフも作成できます。棒グラフを作成する際、明確な目標値などある場合は、そこを起点とするとわかりやすくなる場合もあります。

ところで、ここまで紹介したのは棒が縦に伸びる縦方向の棒グラフでしたが、図3.5に示すような横方向に伸びるタイプもあります。「縦棒」のところで「横棒」を選択すると作成できますが、この図は使用しているデータは図3.1と変わりません。同じグラフが90°回転したと思ってください。中身は同じ図なので基本的にどちらを使ってもかまいません。

● ……… 「縦棒」「横棒」どちらを使うべきか

しかし、どちらでもどうぞと言われるとかえって困ってしまうかもしれません。そういうときの指針として、棒グラフ以外にも言えることですが、なるべく慣例に従ったほうがよいです。慣例とは、それまでに先人がやってきた形式のことを指します。この慣例は業種・分野・領域によって好まれる形式は異なりますので、それに合わせて形式を選ぶことを勧めます。

データを視覚化してわかりやすく伝えるということは、言い換えれば情報の受け手に余計なストレスを与えずに伝えるということでもあります。いつもと違う形式で情報が提示されるのは情報の受け手にとっては小さいながらストレスになりますので、できるだけ避けたほうがよいでしょう。

図3.5　2015年セ・リーグ各チームの勝率の比較（横棒）

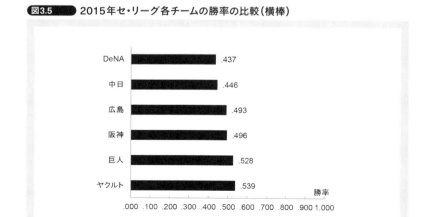

せっかくデータを視覚化するのだから、オリジナリティのある形式のグラフを作成したいと思われる人もいるかもしれませんが、こういう場合のオリジナリティは、形式に求めるのではなく内容に求めるべきです。

ただし、慣例に盲目的に従うだけでは発展もありません。必要であるならば新しい形式を採用すべきですが、その際は形式を変えることを事前によく説明しておく必要があります。

棒グラフ2 — データの内訳を比較する

Excelで棒グラフを作成する際には、棒の高さで値の大小を比較するオーソドックスな棒グラフのほかに2種類のグラフを作成できます。図3.3に示した「2-D縦棒」に3つ並んでいるうち、右側のグラフを紹介します。

●……チームのヒットの内訳を比較する

このグラフはExcelでは「100％積み上げ縦棒」と言い、データの内訳を示します。例として、2015年のセ・リーグ各チームのヒットの内訳を**図3.6**に示します。チーム間のヒットの中身の違い、つまり内訳を比較するためのグラフです。

このグラフの元のデータを**図3.7**に示します。下側のデータは各チームが実際に打ったヒット数のデータを、上側は割合を示したものです。図3.6で使用したのは上側の割合のデータです。

ところで、このグラフ図に示したデータでは％を元に作成していますが、下側のヒットの実数を選択しても同じ図を作成できます。実数を元にExcelのほうで割合を計算してグラフ化してくれるのですが、割合がわからないままでは内訳のデータとしては不便なので、結局計算する必要があります。したがって、そこまでメリットのある使用方法ではありません。

●……グラフの複製

Excelでグラフを作成するメリットに、作図の量が多い場合に作業が楽なことがあります。たとえば、セ・リーグと同様のデータをパ・リーグでも作りたい場合、ゼロからパ・リーグのグラフを作成するよりも、セ・リーグのデータを複製したほうが簡単です。

図をコピーして貼り付けると、セ・リーグのグラフが2つできます。このうち1つを右クリックし、「データの選択」から、データを選択しなおすことが可能です。ここで、パ・リーグのデータを選ぶと、データの中身以外は同じグラフができあがります。

グラフ化する際に、情報の受け手に余計なストレスをかけるべきではないと言いましたが、たとえば、このセ・リーグとパ・リーグの2つのグラフの軸や目盛が少しだけでもずれてしまうと、情報の受け手にとってわずかな違和感としてストレスになります。新しいグラフを作成して、元のグ

図3.6 2015年セ・リーグ各チームのヒットの内訳

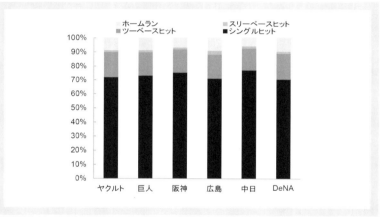

図3.7 ヒットの内訳を比較する棒グラフの元データ

	シングルヒット	ツーベースヒット	スリーベースヒット	ホームラン
ヤクルト	72.1%	18.0%	1.3%	8.6%
巨人	73.3%	16.7%	1.4%	8.6%
阪神	75.4%	16.6%	1.3%	6.7%
広島	71.1%	17.2%	2.7%	9.0%
中日	77.3%	15.4%	1.6%	5.8%
DeNA	70.6%	18.5%	1.5%	9.4%
	シングルヒット	ツーベースヒット	スリーベースヒット	ホームラン
ヤクルト	894	223	16	107
巨人	833	190	16	98
阪神	875	192	15	78
広島	832	201	32	105
中日	944	188	19	71
DeNA	837	219	18	112

ラフの形式とピタリと一致させるのはなかなか大変な作業なので、複数のグラフを作成する場合には、最初に形式をきちんと定めたグラフを作成して、あとは複製してデータを入れ替えていくとよいでしょう。

棒グラフ3 —— 積み上げ式のグラフで内訳を比較する

3つ目の棒グラフは、積み上げ式のグラフです。内訳とは異なり、実数を積み上げていく形式です。

● チームのヒット数を比較する

図3.3に示した「2-D 縦棒」に3つ並んでいる中央のグラフで作成できます。**図3.8**は、図3.7に示した下側のヒットの実数のデータを用いて作成したものです。

正直あまり使うことのないグラフなのですが、内訳で使ったような割合ではなく、実数の値を見たい場合に使います。ちなみに、図3.7の上側の割合のデータを使ってこのグラフを作成した場合、図3.6と同じグラフとなります。各チームの合計が100％で等しいからです。

図3.8 2015年セ・リーグ各チームのヒット数の比較

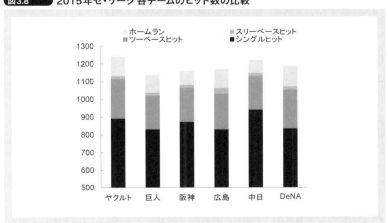

●……… その他の棒グラフ

図3.3に示した棒グラフのリストには、「2-D縦棒」以外にもたくさんの種類があります。しかし、これらは棒の見た目が違うだけにすぎません。棒の形が立体的になったり、三角錐になったり円柱になったとしても、グラフとしての意味はまったく変わりません。というわけで、慣例として好まれる形式があればそれを踏襲してください。特に慣例がなければ本章で示してある形式で問題ないと思います。

折れ線グラフ1 ── データの推移を表現する

続いて紹介するのは、値の大小を線で表現する折れ線グラフ（*Line Graph*）です。棒グラフと同じく「挿入」のリボンを選択してください。そこで、「折れ線」を選択すると、**図3.9**に示すグラフのリストが提示されます。本章では「2-D折れ線」の下段の形式を用いてグラフを作成します。このリストの上段と下段の違いは、折れ線に◆や●のマークが付くか付かないかの違いです。今回はマーク付きの折れ線グラフを作成しますので、下段左側を選択してください。

●……… 勝率の浮き沈みを表現する

折れ線グラフを作成するための元のデータの例を**図3.10**に示します。2010年以降のセ・リーグ各チームの勝率の推移を比較するデータです。図3.10に示したように、Type AとType Bの2通りのデータの並べ方があります。

図3.9 折れ線グラフのリスト

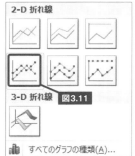

このうち、Type Aのデータを選択して折れ線グラフを作成すると**図3.11**に示すグラフとなります。折れ線グラフとして必要なのはこの形です。一方、Type Bのデータを選択して折れ線グラフを作成すると**図3.12**に示すようなグラフとなります。こちらのグラフでは、グラフ上の折れ線の1本1本が各シーズンを表しています。こちらのグラフでは、グラフの目的である各チームの勝率の推移を比較できているとは言えません。

図3.10 勝率の浮き沈みを表現する折れ線グラフの元データ

TypeA		2010年	2011年	2012年	2013年	2014年	2015年
	ヤクルト	.514	.543	.511	.407	.426	.539
	巨人	.552	.534	.667	.613	.573	.528
	阪神	.553	.493	.423	.521	.524	.496
	広島	.408	.441	.462	.489	.521	.493
	中日	.560	.560	.586	.454	.479	.446
	DeNA	.336	.353	.351	.448	.472	.437
TypeB		ヤクルト	巨人	阪神	広島	中日	DeNA
	2010年	.514	.552	.553	.408	.560	.336
	2011年	.543	.534	.493	.441	.560	.353
	2012年	.511	.667	.423	.462	.586	.351
	2013年	.407	.613	.521	.489	.454	.448
	2014年	.426	.573	.524	.521	.479	.472
	2015年	.539	.528	.496	.493	.446	.437

図3.11 シーズンごとの各チームの勝率

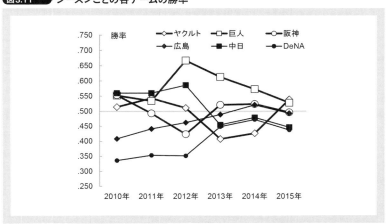

Type A と Type B という元のデータの行列の表示が異なるだけで、できあがるグラフが大きく異なってしまうということです。グラフを作成する際の目的に応じて、元のデータを用意する必要がありますが、慣れていないと行と列のどちらにデータを配置してよいか悩むところです。

　その場合、図3.12を右クリックして「データの選択」を選ぶと**図3.13**のウィンドウが提示されますので、ここで「行/列の切り替え」をクリックすると、図3.11のグラフに切り替えることができます。わざわざ元のデータを並び替えるよりも簡単なので、こちらで修正することを勧めます。

　折れ線グラフの元のデータから言えるのは、基本的に棒グラフと同じ形

図3.12 2010年以降のセ・リーグ各チームの勝率の推移

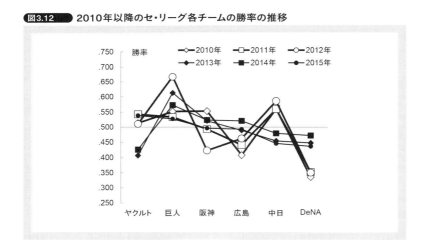

図3.13 グラフの行列を入れ替える

式であるということです。同じ元のデータから棒グラフを作成することも可能です。どちらのグラフを作成すべきという明確なルールはありません。ですから棒グラフと折れ線グラフのどちらを採用するかは作成者しだいなのですが、やはり投げっぱなしは困ると思いますので、一応の目安を示しておきます。

棒グラフでは1本の棒が1つの対象を示し、折れ線グラフでは1本の線が1つの対象を示すという基準です。

この1つの対象を1つのチームとして考えると、棒グラフの場合はセ・リーグ6チームの勝率を6本の棒で比較していると言えます。一方、折れ線グラフの場合は、同じ1つのチームのシーズンごとの勝率を比較していることになります。詳しい説明は後述しますが、「対応のある」データを含む場合は折れ線グラフで、「対応のない」データのみの場合は棒グラフという使い分けがよいかと思います。あくまで使用例の目安ではありますが、基本的には慣例に従いつつも必要に応じて使い分けていってください。

折れ線グラフ2 —— 内訳・積み上げ式の折れ線グラフ

棒グラフと同じく、折れ線グラフでも内訳・積み上げ式のグラフを作成できます。しかし、それほど使う頻度は多くないかと思います。

内訳・積み上げ式のグラフを作成する必要がある場合は、基本的には棒グラフと同じです。

散布図 —— 2つのデータ間の関係を理解する

2つのデータ間の関係を表すグラフを散布図(*Scatter plot*)と言います。横軸(x)と縦軸(y)にデータを取ることで作成できます。このグラフの目的は、データ間の関係を視覚的に理解することです。

例によって、「挿入」のリボンから散布図を選択してください。**図3.14**のようなリストが提示されます。ここでは上段左の形式を選択してください。例として、2010年以降のプロ野球12球団の1試合あたりの得失点差(x)と勝率(y)の関係を**図3.15**に示します。たとえば2015年のソフトバンクの得失点差は1.12で勝率は.647だったので、(x, y) = (1.12, .647)のところに◆

がプロットされます。同様の形式でほかのチームもプロットしていくと図3.15が完成します。

図3.15の元のデータが**図3.16**です。このデータは全体の一部で、この下に2015年までの各チームの成績が続いています。グラフの作成に必要なのは右の2つの列で、得失点差(平均)と勝率をドラッグして散布図を選択すると作成できます。

図3.15を見ると得失点差がプラス、つまりグラフの右側に行くほど勝率の高いチームが多く、得失点差がマイナス、つまりグラフの左側に行くほど勝率が低いチームが多いことを確認できます。このように、グラフにおける◆の分布の形を見ることで、得失点差と勝率の関係を視覚的に理解できるのが散布図のメリットです。

図3.14 散布図のリスト

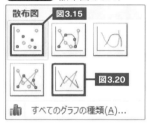

図3.15 得失点差(平均)と勝率の関係

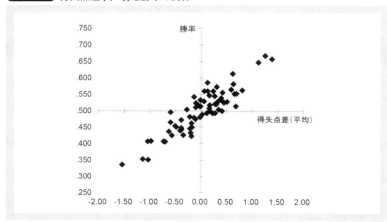

3.2 各種グラフの作成

● ……… 2つのデータに関係がある場合

図3.17は野球のデータとは関係ありませんが、2つのデータの関係性を表す散布図です。◆は「X = Y」のデータを、○はXとYがそれぞれランダムな値を取った関係を表しています。◆で示した「X = Y」というのは、XとYの間に関連があることを意味する例として、○で示したXとYはまったく無関係であることの例として示しています。「X = Y」というように、2つの

図3.16 散布図の元データ

Team	Year	得失点差(平均)	勝率
中日	2010	0.13	.560
阪神	2010	0.69	.553
巨人	2010	0.65	.552
ヤクルト	2010	-0.03	.514
広島	2010	-0.98	.408
横浜	2010	-1.54	.336
ソフトバンク	2010	0.16	.547
西武	2010	0.26	.545
ロッテ	2010	0.51	.528
日本ハム	2010	0.44	.525
オリックス	2010	0.11	.493
楽天	2010	-0.41	.440
中日	2011	0.06	.560
ヤクルト	2011	-0.14	.543
巨人	2011	0.38	.534

図3.17 2つのデータの関係の例

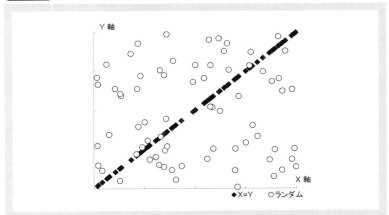

データ間に明確な関係がある場合、散布図を描くと図3.17の◆のようにデータは1本の直線上に配置されます。一方、2つのデータ間に関係がまったくない場合、散布図を描くと図3.17の○のようにデータはバラバラに配置されます。つまり、2つのデータ間に関連を散布図で表されるデータの散らばり具合から判断できるということです。たとえば、図3.15のデータは図3.17に示す◆(X=Y)に近い形をしていることから、データ間に関連があることが図を見ただけでわかるというわけです。

この散布図で示されるデータの分布とデータ間の関係については、第5章で紹介する相関分析で非常に重要な意味を持ってきますので、詳しくはそこで解説します。ここでは相関分析とセットでよく使われるグラフだということは覚えておいてください。

● ……… 3次元の散布図

ところで、図3.15はデータをxとyの軸で表現した2次元の散布図です。これにz軸を加えた3次元の散布図というものもあります。Excelでは作図できませんが、統計ソフトR[注2]を使うと作成できます。**図3.18**に作図したものを示します。

注2 https://cran.r-project.org/

図3.18 3次元散布図

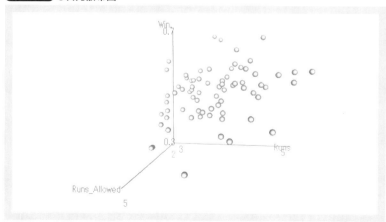

この図は得点（Runs）をx、失点（Runs_Allowed）をy、勝率（Win.）をzに示しています。正直なところ、あまり視覚的に理解しやすいものとは言えません。3次元の情報を2次元上で表現しようとするからです。統計ソフトRではこの図を回転させることができある程度見やすくはなっていますが、それでも使い勝手の良いグラフとは言えず、日常的にはあまり使われることのないグラフです。

さらに指標を追加して、何次元でも増やすことは理論的に可能ですが、視覚的にそれを表現することはもはや不可能になります。このあたりはデータの視覚化の限界で、何もかもを視覚的に示すことができるわけではないということです。本書では取り扱いませんが、複雑な分析をする場合にはデータの提示方法を工夫する必要があります。

● ········ **散布図の応用** ── **モザイク図的活用法**

ここで紹介するのは、散布図の応用法でモザイク図に似た使い方です。モザイク図とは**図3.19**に示すようなグラフを言います。これは2015年のヤクルトのBatted Ball[注3]のデータをまとめたものです。内訳式の棒グラフ

注3　打者が打った打球の性質の分類です。分類方法には何種類かありますが、本書では、ゴロ・フライ・ライナーの3種で分類しています。

図3.19 モザイク図例（2015年ヤクルトのBatted Ball）

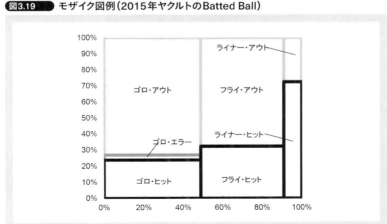

の間を詰めたようなグラフですが、モザイク図では棒の幅も割合としての意味を持っています。

この図の棒の幅、つまりX軸方向の割合はBatted Ball（ゴロ・フライ・ライナー）の内訳を示し、Y軸方向は、ヒット・エラー・アウトという結果の内訳を示しています。枠の色は結果によって変えています。データの内訳を二重に見ることができるというメリットがありますが、それほど多く使われることはありません。この図の作成法はこのあと紹介するモザイク図の応用と同じなので、合わせてそちらで紹介します。

このモザイク図を応用して作成したのが、次の**図3.20**です。これは2015年の広島の先発投手陣の成績をまとめたものです。棒の高さが防御率を、棒の幅が投球回数を示しています。破線は防御率のリーグ平均値で、これより棒が下にある選手は平均よりも優秀と言えます。

この図の良いところは、個人パフォーマンスを質（縦軸の棒の高さ）と量（横軸の棒の幅）で一度に表現できるところにあります。さらに、2人目以降の投手の量を重ねることで、全体の量（この図では投球回数）が棒の幅の合計として示されます。これによって、投手個人だけではなく、投手陣というグループの評価もできるようになります。

たとえば、先発投手陣が強力なチームであれば、投手全体の投球回数が横に長いものになります。一方、先発投手陣が弱いチームの場合、打ちこ

図3.20 2015年の広島先発投手陣の投球回と防御率

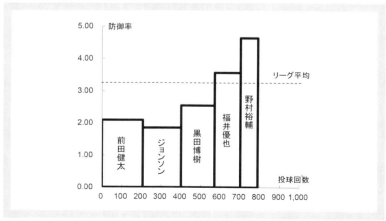

まれて早々と降板する試合が多くなるため、投球回数の合計が少なくなります。また、1軍に定着できる投手がなかなか出てこず、2軍と多くの投手が入れ替われば、投手一人一人の棒の幅が狭くなり、棒の数が多くなります。個人の質と量、グループ全体の量を一度に表現できる便利な図なのですが、使われているところはあまり見たことがありません。

　さて、このグラフの元のデータは**図3.21**になります。表の上の選手から順に、図の左から並んでいます。ただし、このままだと図3.20を作ることはできません。そのため、データを**図3.22**のように整理しなおす必要があります。図3.22は例として2人しか示していませんが、同じ要領で残りの3人が続きます。このデータのポイントは、1人を5つのデータで表現することです。1人分のデータを、図3.20に示した棒の「左下、右下、右上、左上、左下」の値を順に示しています。この図を線で結ぶことで棒ができあがるわけです。

　縦の軸には投手の防御率をそのまま使いますが、投球回では2人目以降は1人目からの投球回を加算していきます。こうすることで、1人目の投球

図3.21　モザイク図のような散布図を作るための元データ

Year	チーム	投手名	投球回	防御率
2015	広島	前田健太	206 1/3	2.09
2015	広島	ジョンソン	194 1/3	1.85
2015	広島	黒田博樹	169 2/3	2.55
2015	広島	福井優也	131 1/3	3.56
2015	広島	野村祐輔	87 1/3	4.64
		リーグ平均		3.24

図3.22　図3.21を整形したもの

	X（投球回）	Y（防御率）
前田健太	0	0.00
	206 1/3	0.00
	206 1/3	2.09
	0	2.09
	0	0.00
ジョンソン	206 1/3	0.00
	400 2/3	0.00
	400 2/3	1.85
	206 1/3	1.85
	206 1/3	0.00

回数のポイントから2人目の棒を描くことができます。

　この図は、散布図を使って作成します。図3.14に示した散布図の形式のうち、下段中央を選択します。この形式で元のデータを選択すると作成が可能です。ただし、図3.22に示している投手の名前は目印ですので、データとして選択するのはX（投球回）とY（防御率）の部分のみです。

　この図の便利なところは、投手成績の質（防御率）と量（投球回数）を一度に確認できることです。2015年の終了時点で図3.20に示した前田健太選手は広島を退団しましたが、それによってチームにできる穴が質と量の両側面から把握できます。

円グラフ ── データの内訳をつかむ

　円グラフ（*pie chart*）は、データの内訳を示すグラフです。基本的には棒グラフや折れ線グラフで作成可能な内訳式のグラフと同じものです。これも比較的目にすることが多いグラフかと思います。

●……球種の内訳をつかむ

　たとえば、**図3.23**に示すのは2015年に前田健太選手が投じた球種の割合を示した円グラフです。野球中継でもこのようなグラフが時折放送中に提示されることがあります。

　円グラフを作成するには、「挿入」のリボンから「円」を選択してください。**図3.24**に示す円グラフのリストが提示されます。今回は「2-D 円」の上段左の形式を使います。**図3.25**に示す元のデータを使うと、図3.23が作成できます。

　ところで、内訳のグラフの書き方は棒グラフのところで解説しましたが、棒グラフと円グラフとでは何が違うのでしょうか。手描きでグラフを作成する場合、1/3や1/6といった割合を棒グラフで表現するのはきれいに割り切れない値（1/3 = 0.33333、1/6 = 0.16666）なので少々大変です。このようなケースでは、円グラフであれば360進法なので作成が容易（1/3=120°、1/6 = 60°）というメリットがあります。しかし、内訳の幅を自動で作成してくれるExcelではそれほど大きなメリットとは言えません。また、内訳を比較するようなときには棒グラフのほうが便利です。たとえば、**図3.26**のように、球種の割合を投手で比較したいようなときには、棒グラフのほうが適

図3.23 前田健太選手の球種割合（2015年）

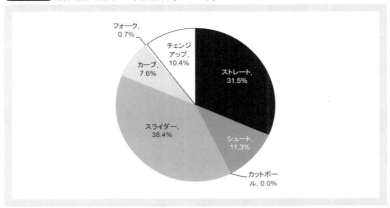

図3.24 円グラフリスト

図3.25 円グラフの元データ

図3.26 内訳データの比較

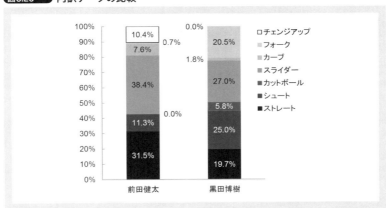

しています。円グラフでは横に並べても内訳間の比較は容易ではありません。

以上のように、これといったメリットが円グラフにはないのですが、目にする機会が多いグラフと言えます。何か視覚的にアピールする力があるのか、それとも慣例としてよく使われているのかはわかりませんが、使用する際には慣例と相談しながら使ったほうがよいでしょう。

レーダー —— 複数のデータを一覧する

図3.27に示すグラフは、2015年のヤクルト山田哲人選手の打撃3部門(打率・ホームラン・打点)を示したものです。合わせてプロ野球平均も示しています。プロ野球平均よりもデータが内側にあれば平均以下の成績、外側にあれば平均以上の成績であることを示します。トリプルスリー[注4]を獲得した山田哲人選手の場合、グラフは当然プロ野球の平均の外側になります。

このグラフを、Excelではレーダー(*radar chart*)と呼びます。複数の指標を一覧できるので、強みと弱みを把握するのに適したグラフと言えます。レーダーを作成するには、「挿入」のリボンから「その他のグラフ」を選択してください。図3.28に示すリストが出てきますので、レーダーの左側の形式を選択することで作成できます。

注4 打者が同一シーズンに「打率.300以上・ホームラン30本以上・盗塁30個以上」の成績を記録することです。達成することは非常に難しいとされています。2015年はヤクルトの山田哲人選手、ソフトバンクの柳田悠岐選手が達成しましたが、その前の達成者は2002年の西武所属時の松井稼頭央選手にさかのぼります。

図3.27 2015年の山田哲人選手の打撃成績

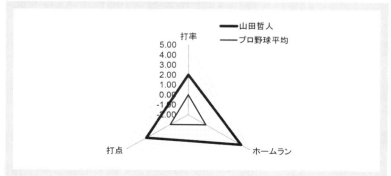

スポーツ関連の雑誌では、各チームの戦力評価という形でこうした形式のグラフを見ることが多いように思います。その際に使われている数値は、雑誌記者による5段階評価といった実際の成績ではない数値が使われることが多いと思います。なぜかと言うと、指標による単位の違いがあるからです。たとえば、打率の最大値は1.000に対して、打点には上限がありません。このような違いがあるので、当たり前ではありますが、打率1.000と打点1は同じ値でも意味が異なります。しかし、レーダーでは軸が1つしかないために、この違いを表現できません。

実はこのような問題があるために、山田哲人選手の実際の成績をそのまま使用できません。実際の成績でレーダーを作成すると**図3.29**のようになり、打率の値がほとんど見えなくなってしまうことがわかると思います。これは、軸が打点を基準に設定したためです。こうした問題があるために、レーダーは便利なグラフでありながらあまり使われることがありません。

ここで使えるのが、第2章で紹介したデータの標準化です。**図3.30**に示すように、山田哲人選手の成績を標準化した値を用いれば、平均が0で標準偏差が1となる、指標によるデータのとり得る範囲を統一することが可能です。図3.27も山田哲人選手の成績を標準化した値を示したものです。この標準化のスキルを用いれば、各指標が平均からどれくらい優れているかという傑出度を一覧するのに適したグラフとなります。

図3.28 レーダーのリスト

3 グラフの作成

箱ひげ図 —— 複数の情報を一度に表現する

箱ひげ図（*Boxplot*）とは、最小値と最大値、四分位偏差と中央値を一度に確認できるグラフです。

● ……… **打率の分布を比較する**

例として、2015年と2011年のプロ野球で年間100打席以上記録のある打者の打率の箱ひげ図を**図3.31**に示します。

図中央の四角部分を「箱」、上下についているTを「ひげ」と言い、2つ合わせて箱ひげ図と呼びます。箱の中央部分が中央値を示し、箱の上下の端が四分位偏差の値となります。そこからひげが伸びて、ひげの端が最小値と

図3.29 2015年の山田哲人選手の打撃成績（標準化していない）

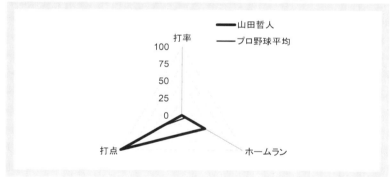

図3.30 レーダーの元データ

選手名	打率	ホームラン	打点
山田哲人（標準化済）	2.01	4.00	2.70
プロ野球平均	0.00	0.00	0.00
選手名	打率	ホームラン	打点
山田哲人	.329	38	100
プロ野球平均	.251	6.3	30.7
プロ野球標準偏差	.039	7.9	25.6

最大値になります。2011年は低反発球が導入され、プロ野球全体の打撃成績が低下したシーズン（2012年まで継続）です。このときのプロ野球の打率の分布と2015年のデータを比較すると、全体の50％の位置にはそれほど差がなく、そこから上、50％から75％、75％から最大の値が2011年は低いことが確認できます。

このように箱ひげ図の良いところは、1つのグラフに多くの情報が盛り込めることです。

● ········ **箱ひげ図を作成する**

箱ひげ図を作成するには、「株価チャート」を利用するか、「棒グラフ」を応用して作成します。株価チャート以外にも適用できることが多いので、今回は棒グラフの応用で作成する方法を紹介します。

図3.31の元となったデータを**図3.32**に示します。上側のデータが最小値と最大値、四分位偏差と中央値の値を求めたものです。ただし、このままのデータでは箱ひげ図ができないので、図の下側のデータを計算します。

下側のデータの見出しには、「25％」「50％-25％」「75％-50％」「25％-最小」「最大-75％」とありますが、この見出しの計算をした値を示しています。このデータのうち、「25％」「50％-25％」「75％-50％」のデータをドラッグして、「挿入」のリボンより縦棒を選択します。棒グラフのリストの中

図3.31 箱ひげ図で見る打率の分布の比較

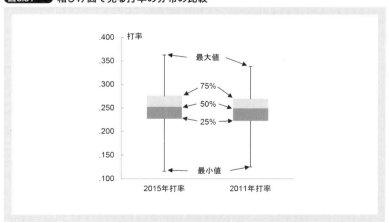

から「2-D 縦棒」の中央の形式である積み上げ式の棒グラフを選択します。そうすると、**図3.33**のようなグラフができあがります。これで箱の部分ができました。

次はひげの部分の作成に入ります。図3.33の25％の部分をクリックしてください。その状態で、リボンの「グラフツール」から「レイアウト」を選択します。そうしたら「誤差範囲」→「誤差範囲（標準偏差）」と選択していってください。するとグラフに小さなひげが付きますので、これをダブルクリックすると**図3.34**のウィンドウが表示されるので、「縦軸誤差範囲」の「負方向」を選択してください。合わせて「値の指定」を選択して、元のデータの「25％－最小」を選択してください。これで最小値方向へのひげができあがります。これと同じ要領で、「75％－50％」の部分を選択し、ひげを付けてください。

図3.32 箱ひげ図の元データ

	最小	25%	50%	75%	最大
2015年打率	.116	.228	.253	.275	.363
2011年打率	.125	.223	.250	.269	.338

	25%	50% - 25%	75% - 50%	25% - 最小	最大 - 75%
2015年打率	.228	.025	.022	.112	.088
2011年打率	.223	.027	.019	.098	.069

図3.33 箱ひげ図作成過程（箱部分）

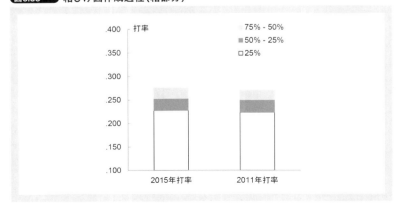

その際、「縦軸誤差範囲」の方向をこちらは「正方向」で選択してください。

以上の手順が完了すると、**図3.35**のような状態になります。ここまでできれば9割方完成で、最後に25％の部分を選択し、塗りつぶしと枠線を「なし」に設定してください。これで図3.31に示した箱ひげ図の完成です。

少々独特な作り方ですが、できあがったグラフは便利なので使い方を覚えておいて損はないかと思います。

図3.34 箱ひげ図にひげを付ける

図3.35 箱ひげ図作成過程（ひげ部分）

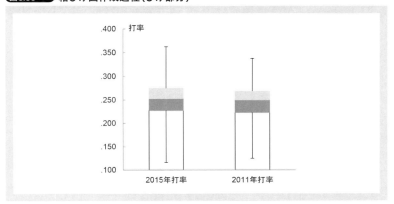

3.3 データを視覚化する際に気を付けること

ここまで、さまざまなグラフの作成方法を紹介してきました。基本的にはどんどん活用すべきなのですが、作成にあたり注意しておくべきこともいくつかあります。

詰め込みすぎ

グラフを作成する際に気を付けたいことの一つに、情報過多があります。見てほしい情報がたくさんあるとき、1つのグラフ内に全部詰め込もうとすると、かえって見にくいグラフができあがってしまいます。情報をわかりやすく伝えることがグラフ化の目的ですから、これでは本末転倒です。

これ以上詰め込んではいけないという明確な基準はないのですが、グラフを作った本人が「これはちょっと見にくいなぁ」と感じているようでは、情報の受け手にもわかりやすく伝わることはないと思います。まずは、自分が最初の受け手になったつもりで、グラフが見やすいかどうかよく眺めてみることをお勧めします。

印象操作

錯視という現象があります。人間の目は案外いい加減なところがあって、グラフの一部を操作することで、グラフから受ける印象を大きく変えることが可能です。

たとえば、**図3.36**に示した2つのグラフは同じ値のグラフですが、見た目の印象は異なると思います。この2つのグラフの違いは軸の目盛の違いです。ここをいじることで、わずかな差を針小棒大に報告することも、大きな差を小さく歪曲することも可能です。この方法を使って実際以上の効用を強調している人も世の中にはいます。

当然ながらこれは、データを伝える方法としてはルール違反の方法です。

また軸をよく見ればすぐわかることなので、こんなことをやってもすぐばれてしまい結局は信用を失うだけなので、やって得することはありません。信用を失うというのは、この人は情報をありのままに伝えるのではなく、自分の都合が良いように情報をゆがめる人だというレッテルを張られてしまうということです。このレッテルを張られてしまうと、以降どんなに誠実にデータを分析しても疑いの目を持たれてしまいます。これはデータを分析し、伝えようとする人にとっては致命的です。たとえ故意ではなくても、グラフを作成する際に軸の設定は重要です。例に示した勝率の場合、最小は.000で最大が1.000となりますが、このようにデータの取り得る範囲が決まっている場合はそれをもとに軸の最小値と最大値を設定するとよいでしょう。また、集めたデータの平均値±2標準偏差の値を最小値と最大値とするという方法もあります。

このように、自分がグラフを作成する際に気を付けることも大切ですが、逆に自分がこのような印象操作されたグラフに騙されないようにすることも大切です。子ども騙しの方法ですが、ときどき目にすることもありますので注意してください。

 **図3.36** 目盛の調整による印象の操作

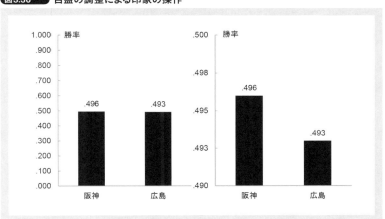

3.4 まとめ

　以上、本章ではグラフの作成方法を解説してきました。統計学からは少し寄り道した形ですが、必ず役立つスキルですのでぜひ習得できるよう練習してください。たくさん描くことが上達の近道だと思うので、ダウンロードできるデータには本章で使用したデータ以外の指標も用意しています。それらの指標を使って練習に役立ててもらえれば幸いです。

第4章

母集団と標本

データを取り巻く誤差との付き合い方

データと言われると、客観的で信用できる情報であると考える人も多いのではないかと思います。しかし、私たちが集めたデータには誤差が含まれており、自分が知りたい情報を必ずしも正確に示してくれるわけではありません。そこを見誤ると、客観的と思っていたデータから誤った情報を引き出してしまうこともあります。本章では、こうしたデータの性質を解説していきます。

4.1 データが示すものとは

第4章のテーマは母集団と標本です。母集団とは何かを解説する前に、まずは図4.1に示すデータを見てください。

これは、2015年に100イニング以上の登板記録のある投手を対象に、GB/FBの平均値1.07を基準に2つのグループを作り、それぞれの防御率と、対戦打者1人あたりに対するホームランの割合であるホームラン％(ホームラン／打者)の値を比較したものです。GB/FBは、第2章で解説したとおりゴロ(GB)とフライ(FB)の比率を示したもので、値が大きいほどゴロが多い投手で、値が小さいほどフライの多い投手と言えます。

一般に「フライの多い投手よりもゴロが多い投手のほうが良い」というセオリーが野球にはあります。ゴロよりもフライのほうがヒットになる可能性が高いことと、フライの多い投手はホームランを打たれやすいためです。図4.1に示したデータもフライ型の投手のほうが防御率とホームラン％が高く、このセオリーを裏付けています。

ところで図4.1に示したデータは、フライ型が23人、ゴロ型が24人、計47人分のデータから計算されたものです。果たしてこれだけの人数のデータで野球のセオリーという普遍的な傾向を語ることができるのか、というのが本章のテーマとなります。

47人というデータは、世界中で競技されている野球全体から見ればごくわずかな数です。しかし、世界中で競技されているすべての野球のデータを集めてきて、そこからセオリーを導くようなことがそもそも可能なので

図4.1 ゴロ型とフライ型投手の成績の比較

		タイプ	人数	防御率	ホームラン％
GB/FB	1.07未満	フライ型	23	3.37	1.9%
(ゴロ/フライ)	1.07以上	ゴロ型	24	3.04	1.7%

しょうか？実際のところ、すべてのデータを集めるのは、野球に限らず容易なことではありません。そのため、一部のデータを集めて全体を推測するといった方法がとられます。日常的な例で言えば、世論調査がこれにあたります。

すべてのデータを母集団と呼び、それに対して集めたデータを標本（サンプル）と呼びます。母集団と標本の関係は図4.2のような形をイメージしてください。

私たちが手にすることのできるデータは母集団の一部にすぎず、この一部のデータ（標本）から母集団の特徴を推測するしかありません。そして、標本は母集団の一部でしかないために、時として母集団とは異なる特徴を示す場合があります。これを標本誤差と言います。こうした誤差があるために、標本から母集団の特徴を読み間違えてしまうリスクもあります。このような間違いを犯さないためにも、母集団と標本の関係を正しく理解しておく必要があります。

どこまでを母集団と考えるか

母集団と言っても、対象となる母集団がはっきりしている場合とそうではない場合があります。たとえば、日本で行う世論調査は、現代の日本人を母集団と想定しているという点は明確です。日本人全員に調査するのは大変なので、一部の人への調査から標本を得る形で実施されています。

一方、野球の場合は誕生してから100年以上、世界各地で競技されていますが、これらすべてをひとまとめに母集団とすることには問題があります。時代、地域や年齢、技術レベルの違いをひとまとめにして「野球」とい

図4.2 母集団と標本の関係

う母集団を措定するのは無理があります。

　野球のデータを扱う場合、現代のプロ野球、もしくはメジャーリーグといったように、時代やリーグ、技術レベルが同程度の母集団を想定するのが妥当ではないかと思います。そうしなければならないという決まりはないのですが、想定する母集団がおかしいとそのあとのデータをいくら分析しても意味がなくなりますので注意が必要です。本書で示すデータは、基本的には現代のプロ野球を母集団と想定しています。

母集団と標本の関係

　話は変わりますが、日本人の血液型はA：B：O：ABの比がおよそ4：2：3：1になることが知られています。では、身近な日本人を10人集めて血液型を聞いた場合どうなるかというと、実際に聞いて回ってみてもらえればわかるとおり必ずしもこの比率になるわけではありません。

　これが、日本人の血液型のようにすでに答えのわかっているような問題であれば、それほど気にする必要はありません。しかし、世の中にはすでに答えのわかっている問題のほうが少ないのが現状です。たとえば、野球で何かが知りたくてデータを集めたとき、母集団の性質がまだわかっていないことのほうが多いでしょう。そのため、集めた標本によって得られたデータが、どれくらい誤差のあるものなのか判断することに対しては慎重でなくてはなりません。

母集団と標本の平均と分散

　母集団の平均と分散をそれぞれ、母平均と母分散と言います。これに対して、標本の平均と分散を、それぞれ標本平均と標本分散と言います。私たちが知りたいのは母平均と母分散なのですが、実際に手に入れることができるのは標本平均と標本分散になります。

●………**母集団と標本の平均**

　母平均については、母集団のすべてのデータを手に入れないことには計算できません。そこで、標本平均を仮の平均値として扱います。「そんな

い加減な」と思われる人もいるかもしれませんが、**図4.3**のデータを見てください。

これは、2015年のプロ野球に登録された選手890人をランダムに10のグループに分類し、それぞれのグループの平均身長を求めたものです。

ここで、この2015年のプロ野球登録選手890人を1つの母集団と想定したとします。本来、このような母集団を想定してもあまり意味はないのですが、母集団と標本の関係の性質を見るための処置です。各グループの平均身長（標本平均）の値を見ると、母平均の値とは誤差があります。しかし、標本平均の平均値を計算すると、母平均と一致します。この性質を「不偏性を持つ」と言います。この性質があるために、母集団から一部を取り出した標本平均であっても母集団の推定値として扱うことができます。

● ……… **母集団と標本の分散**

一方、分散についても同様の計算をしたものを**図4.4**に示します。

分散の場合、平均とは異なり標本分散の平均値が母分散の値と一致しません。これは、平均値の場合とは異なり標本分散は不偏性を持たないということを意味します。したがって、標本平均とは違って標本分散の値を母分散の仮の値に用いることができません。そこで、不偏分散という値を用います。標本分散と不偏分散の計算方法を次に示します。

図4.3 標本平均と母平均

	人数	身長(cm)
Group1	89	180.6
Group2	89	181.5
Group3	89	181.5
Group4	89	180.7
Group5	89	181.2
Group6	89	180.5
Group7	89	181.1
Group8	89	180.1
Group9	89	180.4
Group10	89	180.2
母平均		180.8
標本平均の平均		180.8

$$不偏分散 = \frac{(データ-平均値)^2の合計}{データ数(N)-1}$$

$$標本分散 = \frac{(データ-平均値)^2の合計}{データ数(N)}$$

数式に示したように、標本分散ではデータ数Nで除算するところを、不偏分散ではN-1で除算します。なぜ、N-1で除算する必要があるのかを数学的に証明する過程もあるのですが、本書では割愛します。不偏分散はVAR.S関数で計算できます。

●········**標本誤差を小さくするには**

図4.3で示したようにデータを集めれば、標本と母集団の間に誤差が生じます。データを扱ううえで重要なのは、この標本誤差を抑え、母集団に近い値を得ることです。

標本誤差を小さくする方法の一つは、標本を大きくすることです。要するにデータをたくさん集めることです。標本数(サンプルサイズ)が大きくなるほど、標本平均は母平均に近付くという性質があります。

例として、**図4.5**に図4.3で使ったデータから各グループ10人分に標本数を減らしたデータを示します。

図4.4 標本分散と母分散

	人数	身長の分散
Group1	89	31.9
Group2	89	17.8
Group3	89	40.9
Group4	89	41.6
Group5	89	23.8
Group6	89	29.9
Group7	89	32.0
Group8	89	34.0
Group9	89	18.8
Group10	89	24.8
母分散		**29.8**
標本分散の平均		**29.5**

図4.3と比べると、母平均との誤差が大きいグループが出てきていることが確認できると思います。標本が小さいと母集団とはかけ離れた値となりやすいということで、データを集める際にはできるだけ多くのサンプルをとよく言われますが、それはこのようなリスクを避けるためです。

信頼区間

できるだけ多くのサンプルを集めるということを突き詰めていくと、結局、母集団すべてのデータを集めるのとそう変わりはなくなってしまいます。すると、大量にデータを集めることに対するコストの問題や、たとえば1シーズンで打席に立つ機会のように得られるサンプルの数には限界があるという問題に行き当たります。こうした現実的な制約に対しては、誤差を許容できるレベルに抑えることで対処していきます。

たとえば、どこかのチームの補強を担当するスタッフという立場で考えてみてください。シーズンオフの補強候補に2人の打者がいたとします。2人の打者の打率は一方が.301で、もう一方が.300だった場合どちらを選びますか？おそらく打率.001のアドバンテージよりもほかの情報、たとえば年齢や守備力といった要素を評価して選択したいと考える人が多いと思います。

これは、打率に関しては.001程度の誤差であれば、問題ない誤差として許容できるということです。許容できる誤差はケースバイケースですが、

図4.5 少ないサンプルでの標本平均

	人数	身長(cm)
Group1	10	181.7
Group2	10	180.3
Group3	10	181.8
Group4	10	183.2
Group5	10	181.5
Group6	10	180.2
Group7	10	180.9
Group8	10	179.6
Group9	10	181.6
Group10	10	178.3
母平均		180.8

4.1 データが示すものとは

データを集めるうえでのサンプルサイズの目標は、この誤差を許容できるラインとなります。

このラインを設定するためには、信頼区間を求めるという方法があります。信頼区間とは、母平均が含まれると推定されるデータの幅で、母平均の値が含まれる範囲の確率を示す形で表されます。信頼区間の確率には95%と99%が用いられることが多く、たとえば95%信頼区間の場合は、信頼区間の範囲内に母平均が95%の確率で含まれることを示します。信頼区間は次の数式によって求められます。

$$信頼区間 = 標本平均 \pm t\sqrt{\frac{不偏分散}{データ数(N)}}$$

この数式で、不偏分散とN(サンプル数)はすでに出てきましたが、tという新しい値が出てきました。tとはt分布の値のことで、自由度と信頼区間の幅である確率によって決まります。95%信頼区間と99%信頼区間ではt値が変わってくるということです。Excelでは、T.INV.2T関数によって求めることができます。

=T.INV.2T(危険率, 自由度)

危険率とは、1−信頼区間の確率で表される値です。信頼区間の確率が95%の場合は0.05を、99%の場合は0.01を入力してください。自由度とは、自由に変動できるデータの個数を言います。求める数値によって自由度の計算方法は異なりますが、ここでの自由度は、サンプル数から1を減算した値(N-1)になると理解していただければ大丈夫です。T.INV.2T関数によって求められたt値の一部を**図4.6**に示します。

サンプルの数が多いほど自由度は大きくなり、その結果信頼区間の範囲も小さくなります。図4.3のデータから各グループの95%信頼区間を求めたものを**図4.7**に示します。

この信頼区間の幅を、打率の例で示したような問題のない範囲まで狭めることができれば、標本誤差を気にする必要はなくなります。しかし、現実的にそこまで信頼区間の幅を狭くできることはまれで、標本誤差の範囲として想定しておく必要があるデータの幅という情報として信頼区間は役立つことになります。

比率を使った信頼区間の計算

ここまでは標本平均の値の信頼区間の求め方でしたが、データが比率の場合は少し計算方法が異なります。データが比率の場合の母集団を母比率、標本を標本比率(p)と言います。そして、比率の信頼区間は標本平均ではなくこの標本比率(p)を用いて、次の数式によって求めることができます。

図4.6 t分布表

自由度	95%	99%
1	12.706	63.657
2	4.303	9.925
3	3.182	5.841
4	2.776	4.604
5	2.571	4.032
6	2.447	3.707
7	2.365	3.499
8	2.306	3.355
9	2.262	3.250
10	2.228	3.169
20	2.086	2.845
50	2.009	2.678
100	1.984	2.626
200	1.972	2.601

図4.7 95%信頼区間

	人数	平均身長(cm)	不偏分散	95%信頼区間	
Group1	89	180.6	32.2	179.4	181.8
Group2	89	181.5	18.0	180.6	182.4
Group3	89	181.5	41.3	180.1	182.8
Group4	89	180.7	42.0	179.3	182.1
Group5	89	181.2	24.0	180.2	182.2
Group6	89	180.5	30.2	179.4	181.7
Group7	89	181.1	32.4	179.9	182.3
Group8	89	180.1	34.4	178.9	181.3
Group9	89	180.4	19.0	179.4	181.3
Group10	89	180.2	25.1	179.2	181.3

t = T.INV.2T(0.05,89-1) = 1.99

$$信頼区間 = 標本比率(p) \pm Z \sqrt{\frac{p(1-p)}{データ数(N)}}$$

不偏分散のところが、標本比率(p)×(1 - 標本比率(p))になっているところと、tがzになっているところが標本平均との違いです。zの値は標準正規分布の値を当てます。信頼区間が95％では約1.96、99％は約2.58となります。正確な値を計算するためには、ExcelではNORM.S.INV関数を用います。NORM.S.INV関数では、

　　=NORM.S.INV(確率)

という形で、確率の情報が必要です。信頼区間が95％の場合は0.975を、信頼区間が99％の場合は0.995を入力してください。

　このzの値は、母平均の信頼区間を計算したときのt値のように自由度によって変動することはありません。95％では約1.96、99％は約2.58で覚えてしまったほうが早いかもしれません。

4.2 幅をもってデータを見る

データを扱う以上、誤差から完全に逃れることはできませんが、信頼区間を想定することで、標本から得られたデータにはいくらかの幅を含んだものとして見ることができます。これによって、ピンポイントの値ではなく、少しぼかして幅をもってデータを見ることで、データを読み間違えるリスクを抑えることができます。

打撃成績の信頼区間

ここまでは理論的な内容だったので、野球のデータを実際に使って幅をもったデータの見方を実践してみます。具体的には、2014年の個人成績である打数と打率から95％信頼区間を求めます。

このような個人の成績の信頼区間を求めると、翌年の成績を予想するうえでの目安とすることができます。ある選手の次の年の成績を予想するとき、ひいきの選手であれば劇的に向上してほしいと願うのが人情ですが、現実的に考えれば、とりあえず前年並みの成績というのが妥当な予測になると思います。前年「並み」というのは、前年とまったく同じ成績になるようなことはないけれど、前年の成績の周辺という意味です。この考え方と、信頼区間の概念とは相性が良いです。

そこで、2014年の打率から求めた信頼区間が2015年の打率の目安となり得るかを、2015年の打率が2014年の信頼区間の範囲にどの程度収まるかという点から検証します。仮に、ほとんどの打者の2015年の打率が2014年の打率の信頼区間の範囲に収まれば、目安としては非常に有用ではありますが、私たちが目にしているシーズン間の打率の変化というのは誤差の範囲に過ぎないということになってしまいます。これを実際のデータから確認します。

サンプルとなる個人の打席数が少なすぎる場合誤差が大きくなりすぎ

ので、最低限のサンプルの基準として2014年と2015年でともに100打席以上の記録のある打者を対象としました。この基準をクリアした打者130人に対し、2014年の打率(p)と打数(At Bat：AB)から次の数式によって信頼区間を求め、この信頼区間の範囲に2015年の打率が収まるかを確認してみました。

$$信頼区間 = 2014年打率(p) \pm 1.96 \sqrt{\frac{p(1-p)}{打数}}$$

数式中の1.96は、「比率を使った信頼区間の計算」で登場した数式で示した95%信頼区間のZ値になります。この計算をExcelで実施する際の例として、ヤクルトの山田哲人選手のデータを**図4.8**に示します。

図に示したのは、打数596という機会に対する、打率(比率)の信頼区間のマイナスの部分です。プラスの部分は図に示した計算式の1.96の前のマイナス(-)をプラス(+)に書き換えると計算できます。

山田選手と同様の計算をほかの選手でも行いましたが、全員の結果を掲載すると紙幅が足りなくなるので、2014年の打席数上位10人のデータを**図4.9**に示します。

表中で2015年の打率が2014年の信頼区間から逸脱していたのはグレーで表記している3名で、いずれも信頼区間の下限を下回る成績でした。図には掲載できなかった残りの選手を含めた逸脱者は30名でした。130人中30人が逸脱しているので23%ほどの選手が逸脱しているわけです。逆に77%の打者は2014年の信頼区間に収まるのですから、ある程度の目安として2015年の打率を予想するための指標としては十分な精度と言えます。た

図4.8 95%信頼区間の計算例(山田哲人選手：2014年)

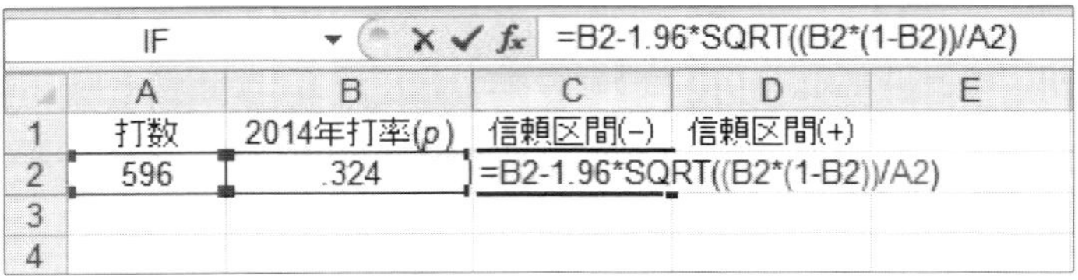

	A	B	C	D	E
1	打数	2014年打率(p)	信頼区間(-)	信頼区間(+)	
2	596	.324	=B2-1.96*SQRT((B2*(1-B2))/A2)		
3					
4					

数式バー：=B2-1.96*SQRT((B2*(1-B2))/A2)

だし、あくまである程度の打者はという限定付きで、「ほとんどの打者が2014年の信頼区間に収まる」とまでは言えない結果です。シーズンを挟んで成長する選手もいれば衰える選手もいるはずで、すべての打者がシーズンを挟んで信頼区間の中に納まるよりは、信頼区間を逸脱する打者の数がそれなりの数で存在するというのは妥当な結果であると言えます。

このように、ものすごく精度が高いというわけではありませんが、信頼区間を求めることで翌年の成績の予測材料の一つとして使うことができます。

二項分布による成績の幅

信頼区間の計算とは別の方法で成績の幅を見る方法に、二項分布を用いるやり方があります。二項分布とは、1回の試行である事象Aの起こる確率がpのとき、この試行をn回行ったときに事象Aが起こる確率を計算することです。ExcelではBINOM.DIST関数によって計算できます。

本書では、『メジャーリーグの数理科学』に倣い、スピナーという方法でこれを計算しています。スピナーと言うと仰々しい数学のモデルをイメージするかもしれませんが、Codaco社のオールスター野球ゲーム（All Star Baseball）というアメリカの野球のボードゲームでも使われています。

このスピナーを、ソフトバンクの柳田選手の2015年の成績（502打数182安打、打率.363）を例に紹介します。**図4.10**に柳田選手のスピナーを示します。

図4.9 2014年の打率の95%信頼区間と2015年の成績

名前	2014年					2015年		
	打席	打数	打率	95%信頼区間		打席	打数	打率
山田哲人	685	596	.324	.286	.361	646	557	.329
今宮健太	662	551	.240	.204	.275	530	457	.228
菊池涼介	654	579	.325	.287	.363	644	562	.254
丸佳浩	644	536	.310	.271	.349	633	530	.249
鳥谷敬	644	550	.313	.274	.351	646	551	.281
栗山巧	642	532	.288	.249	.326	622	533	.268
大島洋平	642	585	.318	.280	.356	620	565	.260
中村晃	638	571	.308	.270	.346	590	506	.300
西川遥輝	637	555	.265	.228	.302	521	442	.276
川端慎吾	637	580	.305	.268	.343	632	581	.336

この図を台紙にルーレットを回して、止まった位置で打席の結果を判定しようというものです。実際のスピナーはもう少し複雑な構造をしていますが、趣旨としてはこのような形という理解で大丈夫です。ただ、これだと打率の計算には少々面倒なので、さらに単純化したものを図4.11に示します。この図に示したドーナツ型の中心に針を置き、ルーレットを打数の回数だけ回してヒットに止まった回数をカウントするという方法です。アナログな方法ではありますが、確率の性質を知るには良い方法です。

それでは、この図4.11のスピナーを、2015年の柳田選手の打数と同じ502回回転させた場合、ヒットのエリアに何回止まって、それをもとに打

図4.10 柳田選手（2015年）のスピナーの例

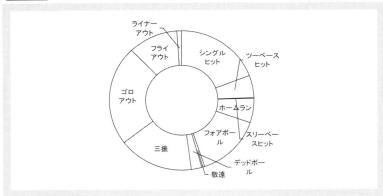

図4.11 柳田選手（2015年）の打率によるスピナー

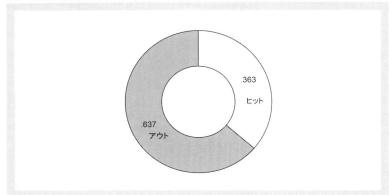

率を計算した場合どれくらいの成績となるでしょうか。実際にルーレットを作って回すのは大変なので、二項分布で計算します。BINOM.DIST関数には、次のような情報を決める必要があります。

```
=BINOM.DIST(成功数, 試行回数, 成功率, 関数形式)
```

柳田選手を例にすると、「試行回数」は打数の502に、「成功率」は0.363になります。この「成功率」と「試行回数」において、指定した「成功数」(この場合はヒット数)となる確率を求めるのが二項分布です。最後の「関数形式」はTRUEかFALSEを入力するのですが、これは実際に計算するところを図示しながら説明します。

「成功数」にA2のセルの0を、「関数形式」にFALSEを入力した結果を**図4.12**に示します。関数形式にFALSEを入力した場合、出力される結果は確率質量関数、ここでは打率.363のスピナーを502回回したときに、ヒット数が0になる確率の値になります。

図中の確率が0.0%となっているのは、値が非常に小さいため表示の都合上0.0%となっているだけなので注意してください。当然502回もスピナーを回して、一度もヒットのところに止まらない確率は非常に小さなものとなります。図4.12には成功回数が下に続いていますが、これは502回に対しての最大ヒット数502まで続いています。オートフィル機能を使えば、ほかの成功数の計算も一度にできます。このデータからグラフを作成すると**図4.13**のようになります。

2015年の打率.363となる確率が最大ですが、ほかの打率になる確率も0で

図4.12 BINOM.DIST関数の計算(関数形式:FALSE)

B2 　 fx =BINOM.DIST(A2,502,0.363,FALSE)

	A	B	C	D	E
1	成功数(ヒット)	確率質量関数			
2	0	0.0%			
3	1				
4	2				
5	3				
6	4				
7	5				
8	6				

はなく、.363に近い打率ほど確率は高く、離れるほど確率は低くなります。

次に、BINOM.DIST関数の関数形式にTRUEを入力した場合の結果を**図4.14**に示します。こちらは累積分布関数といって、左側の確率質量関数の値を累積していった値が出力されます。図では、最初の値だけを示しているので同じ値になりますが、オートフィル機能を用いてほかの値を求めれば累積した値が出力されます。ここで必要なのは、累積2.5％と97.5％となる打率の値です。

この累積2.5％と97.5％の打率の値を図4.13の中に示すと、**図4.15**に示すような左右の累積2.5％ずつカットした95％信頼区間のような打率の幅を得ることができます。

図4.13 柳田選手（2015年）の確率質量関数

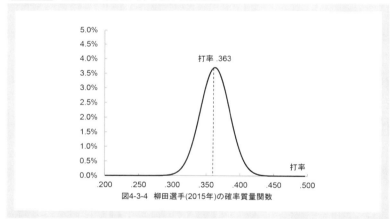

図4-3-4 柳田選手(2015年)の確率質量関数

図4.14 BINOM.DIST関数の計算（関数形式：TRUE）

このようなデータがあれば、たとえば2015年のシーズン終了時、このまま特に変化がなければ2016年の柳田選手の打率はどうなるかを考えるうえでの目安を得ることができます。

　以上のように、二項分布を用いることでも、幅を持って成績を推定していくこと可能です。ただし、この二項分布による方法も完全ではありません。あくまでゲームの手法を用いた計算なので、いくつかの前提があり、これが問題になります。『メジャーリーグの数理科学 上』のp.10でこの前提が紹介されていますので、引用します。

- 守備の能力は打席の結果に影響しない。
- 打者の能力は不変である。
- ゲームに対する球場の影響はない。
- ゲームに対する天気の影響はない。
- 盗塁と走塁の能力は全選手で全く同じである。
- 送りバントとヒット・エンド・ランの能力は全打者で全く同じである。
- 投球は打席の結果に影響しない。

　以上、前提というよりはゲームの制約上無視せざるを得なかった要素ということもできますが、現実ではこれらは無視できる要素ではありません。したがって、これらを無視した二項分布による推定も完璧な方法とは言えません。あくまで幅を持って考えるアイデアのきっかけとして受け止めてください。

図4.15 二項分布で見る柳田選手（2015年）の打率の幅

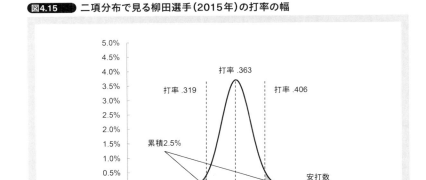

4.3 誤差を評価する

　信頼区間による打率の評価とは別に、野球には、すでに誤差の影響を評価することを目的とした指標も存在します。BABIP（*Batting Average on Balls In Play*）という指標で、次の数式で計算されます。

$$BABIP = \frac{\text{ヒット}-\text{ホームラン}}{\text{打数}-\text{三振}-\text{ホームラン}+\text{犠牲フライ}}$$

　計算式が示すように、BABIPはフェアグラウンドに飛んだ打球がヒットになった割合を示したものです。ホームランを除いた打率のような指標と思ってもらえれば大丈夫です。この指標にはある性質があります。

　BABIPをリーグ全体で見ると、平均がだいたい.300前後になります。そして、あるシーズンでこの成績が高い場合はその次のシーズンは平均程度まで低下すること、逆に低かった場合は次のシーズンは平均程度まで高くなるという性質があります。この性質を平均回帰傾向と呼びます。つまり、リーグ全体で見れば、フェアグラウンドに飛んだ打球がヒットになりやすい打者は次の年は成績が低下し、逆にヒットになりにくかった打者は次の年は成績が向上するということになります。この傾向をデータで表したものが**図4.16**です。メジャーリーグについても同様のデータを**図4.17**に示します。

　この散布図は、横の軸が前年のBABIPを、縦の軸が次の年のBABIPから前年の成績を引いた値になっています。図の右側の前年のBABIPの高い打者ほど成績の値がマイナスに、逆に左側の前年のBABIPの低い打者は成績の差がプラスとなっていることを確認できると思います。なぜこのような現象が起こるかというと、フェアグラウンドに飛んだ打球がヒットになるかどうかは運によって左右されているからです。

　運という言葉に抵抗があるかもしれませんが、要するに選手にはコントロールすることのできない要因ということで、数学的にはこれを誤差と呼

びます。野球の試合を見ていると、会心の当たりが野手の正面に飛んでアウトになることもあれば、ボテボテの打ちそこないのゴロが内野の間を抜けてヒットになることもあります。こうした不運なアウトや幸運なヒットが積み重なれば、打者の成績は本人の実力からはかけ離れた成績となっていきます。これは、打者の実力という母集団からの、標本の誤差と言えるものです。

図4.16 BABIPのシーズン間の変化（プロ野球）

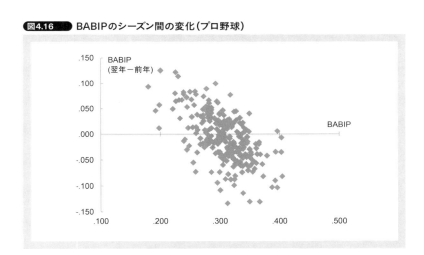

図4.17 BABIPのシーズン間の変化（メジャーリーグ）

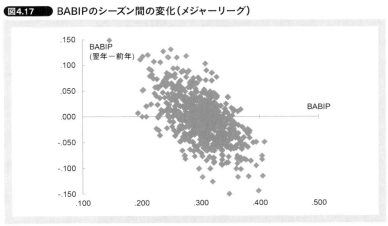

※ データはRetrosheet.org (http://retrosheet.org/)のものを参照しています。

このような情報が重要となるのは、シーズンオフ、それも選手の移籍が絡む場合です。プロ野球はメジャーリーグと比べると選手のチーム間での移籍が活発ではありませんが、それでも以前と比べると選手の動きは活発になってきています。選手の移籍で重要になるのは、放出する場合でも獲得する場合でも、対象選手の能力と将来性です。しかし、人間どうしても直近の成績の影響を過大に評価してしまうのはしかたがないところです。直近の成績を評価されて加入したけれど、もうひとつパッとしない。直近の成績が悪かったので放出したら、放出先で大活躍というのも珍しい話ではありません。直近の成績を追いかけると、どうしてもサンプルが不足しがちで誤差の影響を受けやすくなりますのでその扱いには慎重になるべきです。

ただし、BABIPといえど万能ではなく、平均回帰傾向が当てはまらない選手も存在します。たとえば、2000年代のメジャーリーグでのイチロー選手がこれにあたり、何シーズンにも渡って高BABIPを維持しています。このあたりはBABIPの改善すべき要素と言える部分です注1。

注1　なぜイチロー選手には当てはまらないのかは現在でもわかっていません。Appendix「野球における未解決問題」でも触れています。

Column

 1点差勝利の反動

本章では、BABIPという打者の個人成績を紹介しました。これも一種の誤差を表す指標で、BABIPが平均よりも大きく高い、もしくは低い打者は、翌シーズンは平均並みに回帰するという性質があります。

打者個人の成績に運の影響（誤差）を表す指標があれば、チーム全体の誤差を表す指標もあります。それが1点差となった試合の勝率です。あるシーズンに1点差で勝利した試合と負けた試合から勝率を求めます。この1点差勝率は次のように計算します。

1点差勝率＝1点差勝利÷（1点差勝利＋1点差敗戦）

この1点差勝率が高い場合、翌シーズンの1点差試合の勝率は低下します。逆に1点差勝率が低ければ、翌年の1点差勝率が高くなります。この関係を**図a**に示します。図に示すようにプロ野球でもメジャーリーグでも共通の傾向が見られます。

1点差での勝利と言うと、強力なリリーフ投手陣を擁し、逃げ切りに強いチームのほうが有利な気がしますが、BABIPのような平均回帰傾向があるということは、選手たちではコントロールできない要素、日常的な言葉で言えば「運」、数学的には「誤差」によって左右されているということになります。

運悪く1点差での敗戦が多いようなケースでは盛り返しを期待すればよいのですが、1点差での勝利が多いときには注意が必要です。「勝っているチームをいじるな」というのはほかのスポーツでもよく聞くことですが、1点差勝率が高い場合、このままでは勝率が低下する可能性が高いと言えます。こうなると、負けているチームをいじるよりも難しい事態なのではないかと思います。チームの舵取りが問われる場面と言えるでしょう。

図a　1点差ゲームでの勝率の変化（左：プロ野球、右：メジャーリーグ）

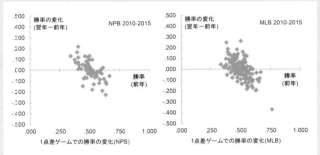

※データはRetrosheet.org（http://retrosheet.org/）のものを参照しています。

4.4 まとめ

　以上、本章ではデータに付きまとう誤差について解説しました。私たちが集めたデータは、それがすべてではなく、より大きなものを母集団として想定したうえで集めることが多いです。そこで得られたデータは額面どおり受け止めるのではなく、メガネやコンタクトレンズを外して、視力の良い人は少し目を細めて、ぼんやりと幅をもって見たほうが、誤差を含んだデータの場合はかえって正確な評価ができるということです。

　たとえば、野球には規定打席や規定投球回数があるように、私たちは特に少数のデータは誤差があり信用できないことを経験的に知っています。しかし、人間は感情に左右されるところが大きい生き物です。誤差の影響があることを知ってはいても、つい額面上のデータに流されてしまうのが人間というもので、そこで流されずに正確な評価をするためにも、本章で示したデータの性質を理解しておくことは重要です。

　余談にはなりますが、FanGraphsでは野球におけるさまざまな指標について、安定した、つまり誤差の影響がある程度小さくなるデータ数の目安を示しています[注2]。このデータ数を集めれば誤差がなくなるわけではありませんが、実際にデータを集めるうえでの参考にはなると思います。

注2　http://www.fangraphs.com/library/principles/sample-size/

第**5**章

相関分析

2つのデータの関係性を数値化する

本章では、相関分析について解説します。2つのデータ間の関係については、第3章で散布図というグラフで視覚的に表現する方法を紹介しましたが、相関分析はこれを数値として表現する方法です。比較的簡単に実施できますので、データ分析の基礎的なスキルとして身に付けてもらいたい方法です。

5.1 相関分析とは

　本章では、相関分析について解説していきます。第3章では散布図を描くことで2つのデータ間の関係を視覚的に理解できましたが、ここでは2つのデータ間の関係を数値で表すことが目的です。

　散布図によって視覚的で直感的にわかりやすい情報を示すことが可能ですが、そこから得られる情報はあくまで主観的なものです。第3章の終わりに図の目盛を操作して印象をごまかすことができると指摘しましたが、あまり主観的な印象に頼りすぎることにも問題があります。悪意を持って図をごまかす人はまれですが、人間は関係があってほしいと思っているデータは関係があるように見え、関係がないほうがよいと思っているデータは関係がないようにどうしても見えてしまうものです。こうした理由から、視覚的な情報だけではなく、数値として情報を示す必要があります。数値か散布図のどちらが良いのかかという二者択一ではなく、併用という形が一番有効です。

5.2 相関関係とは

まず相関関係とは何かと言うと、次のような2つのデータ間の関係のことです。

- 一方の値が大きい場合、もう一方の値も大きい（正の相関関係）
- 一方の値が大きい場合、もう一方の値は小さい（負の相関関係）

前者を正の相関関係、後者を負の相関関係と言います。この関係を模式的に示すと図5.1のようになります。野球のデータでこの関係を考えるには、チームの得点と勝率、失点と勝率の関係を考えるとわかりやすいかと思います。得点が多いほど、失点が少ないほどチームの勝率は高くなるという単純な話なのですが、この関係を散布図で視覚的に示したものが図5.2と図5.3になります。データの散らばりが、図5.1に示したように右上がりの関係と右下がりの関係になっていることが確認できるかと思います。これは視覚的な関係ですが、この関係を数値化しようというのが相関分析です。

図5.1　相関関係とは

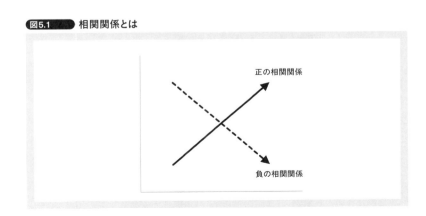

相関係数の計算

　相関分析とは、相関係数という値を計算することです。一般に相関係数とはピアソンの積率相関係数（*Pearson product-moment correlation coefficient*）という値のことを言います。仰々しい名前ですが、この計算方法を開発した人の名前という認識程度で問題ありません。ほかにも相関係数はありますが、使われることが多いので単に相関係数と呼ばれています。以降では、本書でも特別な区別が必要ない場合はピアソンの積率相関係数のことを相

図5.2　正の相関関係の例

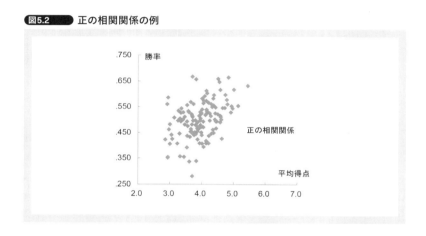

図5.3　負の相関関係の例

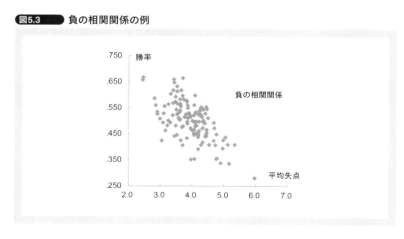

関係数と称します。

相関係数を計算するためには、間隔データ、もしくは比率データである必要があります。ありがちなミスとして順序データ、つまり順位を使って相関係数を計算してしまうことがありますが、これは誤りです。順序のデータは特に設定しない限り、コンピュータ上では1・2・3と数値で入力されており、コンピュータはこれを勝手に数値として判断してしまうので計算としては成立してしまうのが怖いところです。ここは、人間が気を付けて間違えないようにしなくてはなりません。

相関係数の計算自体は難しいものではありません。特に、ExcelにはCORREL関数という計算用の関数が用意されているで、非常に簡単に計算できます。

手順としては、最初に関数の中から**図5.4**に示すように「CORREL」を選択します。すると、**図5.5**に示すようなデータの選択ウィンドウが表示さ

図5.4 CORELL関数の選択

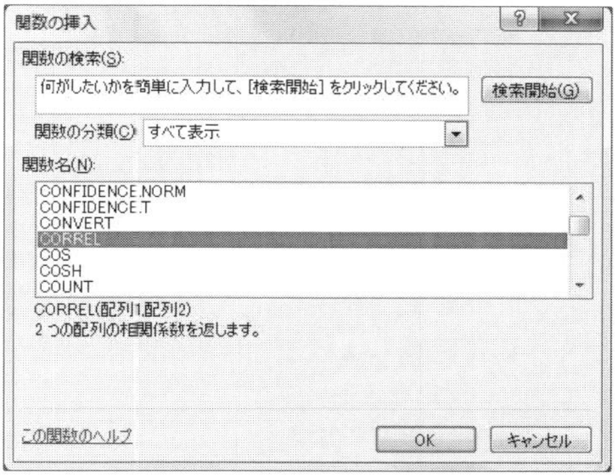

図5.5 CORELL関数でのデータの選択

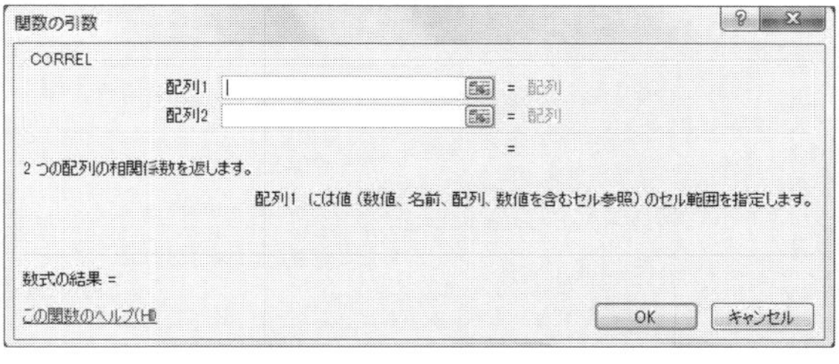

れます。この配列1と配列2に2つのデータを指定すればそれで完了です。得点と勝率の相関係数を求めたい場合はこの2つのデータを指定します。その際、配列1と配列2には入れ替わってもかまいません。最終的な相関係数の値は同じになります。

相関係数を計算するのに必要な作業はこれだけです。あとはこの数値の読み方がわかればもう大丈夫なのですが、便利な反面、相関係数がどのような計算の過程から導かれたのかがわからないのも事実です。過程を知らなくても相関分析の結果を利用していくことは可能ですが、やはりどんな数値なのかを知っておくことも重要です。というわけで、以降は相関係数の計算過程を解説していきます。相関係数の解釈はそのあと解説します。

共分散

相関係数の計算過程を理解するために知っておくと便利なのが、共分散 (*Covariance, Cov*) という値です。共分散も2つのデータ間の関係を数値で表したもので、次の数式によって求めることができます。

$$Cov = \frac{\sum_{i}^{n}(x_i - \overline{x})(y_i - \overline{y})}{データ数(n)}$$

この計算式だけではイメージが難しいので、2015年のプロ野球登録選手の身長(x)と体重(y)のデータを例に数式に当てはめると、次の数式のようになります。

$$(x - \overline{x}) : (身長 - 平均身長)$$

$$(y - \overline{y}) : (体重 - 平均体重)$$

共分散とは、この2つの数式をかけ合わせた合計値をデータ数で除算した値ということになります。

ここで仮に、身長と体重の関係が、身長が高いほど体重が重いという正の相関関係にあったと仮定します。**図5.6**に2015年のプロ野球登録選手の身長と体重の平均値と、そこから±1標準偏差分の範囲の値を示していま

すので、この値を例に考えていきます。

　身長が高いほど体重が重いということは、身長が平均＋標準偏差の選手は体重も平均＋標準偏差となる選手が多いということになります。したがって、上の数式それぞれの値はともにプラスとなりやすく、これをかけ合わせた値もプラスとなります。一方、身長が平均－標準偏差の選手は体重も平均－標準偏差となる選手が多くなります。したがって、上の数式それぞれの値はともにマイナスとなりやすく、これをかけ合わせた値はプラスとなります。共分散はこのかけ合わせた値の合計値をデータ数で除算したものなので、その結果はプラスとなります。つまり、正の相関関係があれば共分散はプラスとなるということです。

　それでは逆に負の相関関係があったします。身長が平均＋標準偏差の選手の体重は平均－標準偏差となる選手が多いということになります。したがって、片方の数式がプラスでもう片方がマイナスとなり、これをかけ合わせた値はマイナスとなります。逆に身長が平均－標準偏差の選手の体重はこの逆なので、これをかけ合わせた値もマイナスとなります。したがって、共分散の値はマイナスとなります。負の相関関係があれば共分散はマイナスとなるということです。

　このように、共分散の値（プラスかマイナスか）を見ることで、データ間の関係性を明らかにすることができます。

共分散から相関係数へ

　しかし、共分散には問題があります。この問題を確認するために、先ほど紹介した身長と体重の散布図を**図5.7**に示します。散布図が示すように身長の高い選手は体重の重い選手が多く、共分散を計算すると31.38とな

図5.6　登録選手の平均身長と体重

	身長(cm)	体重(kg)
平均－標準偏差	175.3	73.9
平均	180.8	82.9
平均＋標準偏差	186.2	91.8

ります。

ここで、このデータのうち身長のデータの単位をcmからmに変えます。データの単位を変えただけなので、身長と体重の間の関係には何の変化もないわけですが、共分散を計算すると0.31となり身長をcmで計算した場合の共分散とは値が異なります。

これが共分散の問題で、なぜ共分散の値が異なるかというと、データの単位が変わったことでデータの分散が変化したためです。そのため、データ間の本質的な関係に変化はなくても、表記を変えただけで計算結果が変わってしまうことが起こります。このような問題があるため、共分散はあまり使われることがありません。ExcelではCOVAR関数を用いると計算できますがお勧めはしません。なぜなら、この問題を解決したものが相関係数だからです。

相関係数(r)とは、次のような計算によって求められます。

$$r = \frac{\sum_i^N (x_i - \bar{x})(y_i - \bar{y})}{\sqrt{\sum_i^N (x_i - \bar{x})^2} \sqrt{\sum_i^N (y_i - \bar{y})^2}}$$

図5.7　身長と体重の散布図

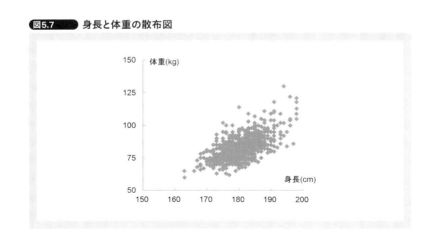

この相関係数の値は2つのデータをそれぞれ標準化した値で、共分散を求めた計算結果と同じ値になります。図5.7に示したデータを、**図5.8**に示すように標準化した値に変換するイメージです。このため、データの単位が変わるようなことがあっても計算結果には影響がありません。

　以上が、CORREL関数を実施した際に内部で行われている計算過程をざっと紹介したものです。こういった計算を自動でやってくれるなんてExcelは便利だなぁと思うだけでかまいませんので、計算の流れだけ理解しておいてもらえればと思います。

　ダウンロードデータにはここで紹介した身長と体重のデータを用意していますので、相関係数と共分散の計算結果を比べてみてください。数値の解釈についてはこのあと「相関係数の解釈」で解説します。

順位相関

　次に紹介する順位相関とは、ピアソンの積率相関係数とは異なるタイプのデータの相関関係を求めるために適用されます。相関分析の応用、というよりも特殊な使用例と考えてもらうとよいです。次のいずれかの条件のときに適用されます。

- データが順位の場合
- データが間隔データとは言えない場合

図5.8 身長と体重の散布図（標準化得点）

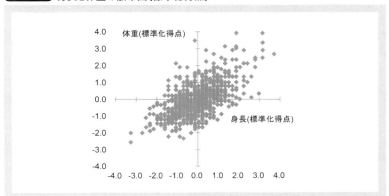

- データにはずれ値を含む場合
- データに特定の関数関係を想定しない場合

　細かく書きましたが、一番上のデータが順位の場合に適用されることが多いです。

　順位相関が表すのは、2つのデータの間に単調増加傾向、もしくは単調減少傾向にあるかということです。単調増加傾向とは、一方のデータの増加に伴い、もう一方のデータも「程度にかかわらず」増加することです。単調減少傾向はその逆の関係です。

　ピアソンの積率相関係数との違いは、この「程度にかかわらず」という部分です。この違いを理解するには、プロ野球のリーグ戦の順位をイメージするとわかりやすいと思いますので、図5.9に2015年のセ・リーグとパ・リーグの勝率と順位のデータを示しました。基本的には勝率が高いほど順位は上になるので1＞2＞3＞4＞5＞6(位)という勝率の関係が成り立ちます。

　ただし、図を見るとわかるように、セ・リーグとパ・リーグの順位間での勝率の高さは異なります。セ・リーグとパ・リーグでは1位から6位までの内容は異なるということです。リーグによって最終的な結果が異なるのは当たり前のことなのですが、順位相関係数ではこうしたリーグによる違いを考慮しません。セ・リーグもパ・リーグも1＞2＞3＞4＞5＞6(位)という単調減少傾向が成立していると判断します。つまり、順位と勝率の関係はセ・リーグとパ・リーグも同じと計算されます。これは、データ間の関係を表すという意味では大雑把な関係しかつかめていないことになります。

図5.9　2015年の順位と勝率

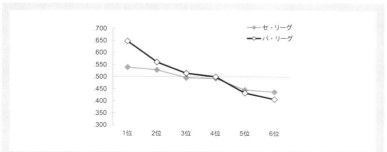

順序データという通常の計算には用いることのできないデータにも適用可能であるためこのような性質となっています。あまり使用を勧めることのできる方法ではありませんが、時には順序データしかないという場合もありますので、スキルの引き出しにはあると便利です。

● スピアマンの順位相関係数

順位相関係数の計算方法にはいくつかの方法がありますが、本書ではスピアマンの順位相関係数（*Spearman's rank correlation coefficient*, r_s）を紹介します。例によって計算方法の考案者の名前が付いており、次の計算式によって求められます。

$$r_s = \frac{\sum_{i}^{n} d_i^2}{n(n^2 - 1)}$$

数式ではイメージが難しいと思いますので、計算方法の例を**図5.10**に示します。プロ野球の順位は勝率の高さによって決まります。ですので、このまま順位相関係数を求めても最高値の1.00になるので、ここではわざと勝率2位と4位のチームを入れ替えています。その結果、順位相関係数は

図5.10 スピアマンの順位相関係数の計算過程

順位(x)	チーム	勝率	勝率：順位(y)	x-y	(x-y)²
1	ソフトバンク	.647	1	0	0
2	西武	.500	4	-2	4
3	ロッテ	.514	3	0	0
4	日本ハム	.560	2	2	4
5	オリックス	.433	5	0	0
6	楽天	.407	6	0	0
				(x-y)²計	8

$A = 6 \times (x-y)^2 計$
　$= 48$
$B = n(n^2 - 1)$
　$= 210$
$r_s = 1 - \dfrac{A}{B}$
　$= 0.77$

0.77となっていますが、この図に示した計算過程も少々手間がかかります。

　もっと楽に計算したいのであれば、順位相関係数は順位化したデータでピアソンの積率相関係数を求めた場合と同じ値になるという性質があります。図5.10で示すところの、順位(x)と勝率:順位(y)のデータからCORREL関数でピアソンの積率相関係数を求めれば、それが順位相関係数の値になります。このほうが早いでしょうか。

　図5.10に示した勝率:順位(y)はRANK関数で求めることができます。

　　=RANK(数値 , 参照)

　たとえば、ソフトバンクの勝率:順位(y)を求めたい場合、数値にはソフトバンクの勝率の値を指定します。そして、参照にはソフトバンクを含む6つのチームの勝率の値を指定します。これで、勝率:順位(y)を求めることができます。

5.3 相関係数の解釈

相関係数から見る関係の強さ

　話をピアソンの積率相関係数に戻します。ここからは、計算された相関係数をどのように解釈していくかを解説します。相関係数は、正の相関関係と負の相関関係という関係の方向性だけではなく、その値から関係の強さを評価することもできます。関係の強さとは相関の傾向の強さのことです。といっても明確な基準があるわけではないのですが、一般に相関係数の絶対値（$|r|$）から次のような基準で判断されます。

- $0.00 \leq |r| \leq 0.20$　ほとんど相関がない
- $0.20 < |r| \leq 0.40$　弱い相関関係がある
- $0.40 < |r| \leq 0.70$　中程度の相関関係がある
- $0.70 < |r| \leq 1.00$　強い相関関係がある

　だいたい0.1単位で相関の強さを判断するようになります。このため、相関係数の記述にはその1つ下のくらいまで記述してあれば十分で、それ以下の桁まで表示したところであまり意味を持ちません。本書では0.00という形式で表示しますが、最初の0を省いた.00という形式で表示される場合もあります。このあたりは慣例によるところが大きいので確認しておくことを勧めます。

　この相関係数を用いて、たとえばAとB、AとCという2つの相関係数を計算したとき、Aと関連が強いのはBかCかという比較をすることも可能ですが、あまり一般的ではないように思うのと、第8章で解説する回帰分析で可能なのでそちらが良いかと思います。

相関係数と散布図

　相関係数を提示する場合、セットとして散布図も提示することが多いです。この作業に慣れてくると、散布図を見ると相関係数がどのくらいになるのか見当が付くようになります。**図5.11～図5.14**に散布図と相関係数の例を示しています。これは、野球のデータというわけではなく便宜的に作成したデータですが、相関係数が大きくなるに従い、データの散らばりが収束していることを確認できると思います。相関係数が1.00となったと

図5.11 データの散らばりと相関係数($r = -0.06$)

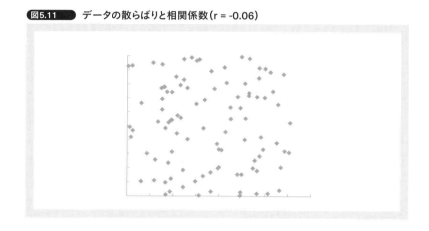

図5.12 データの散らばりと相関係数($r = 0.41$)

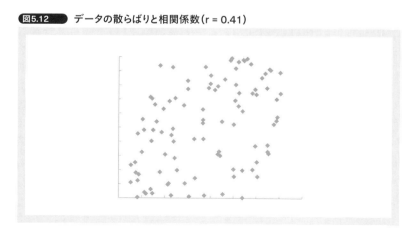

き、データは1本の直線になります。

ところで、訓練によって散布図から相関係数の察しが付くようになったからといって、相関係数を求める必要がないと言うつもりはありません。ここで大切なのは、散布図という視覚的に示された情報から、データ間の関係性を直観的に見抜く力を養っておくことです。統計学というのは、論理立てて考え検証することが求められますが、時として直観によって新しいアイデアが導かれることもあります。あまり直観に頼りすぎるのも問題ではありますが、論理的に考え検証することと同時に、データを直観的に

図5.13 データの散らばりと相関係数(r = 0.61)

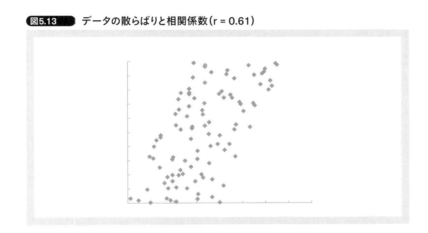

図5.14 データの散らばりと相関係数(r = 0.84)

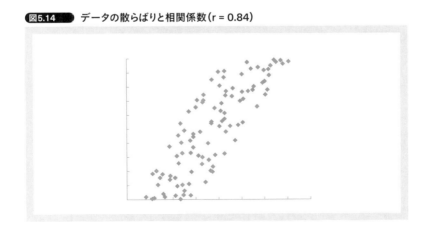

相関関係ではないが関連はあるケース

　相関関係とは、一方の値が大きければもう一方も大きい、または小さいというデータ間の関係を表したものですが、図5.1に示したようにその関係は直線的な関係と言うことができます。

　ところで、データ間の関係は相関関係ですべて表されるものではありません。**図5.15～16**に示す散布図を見てください。これも便宜的に作成したデータですが、データの散らばりが図5.14で示したタイプとは異なるこ

図5.15　曲線的な関係の例1

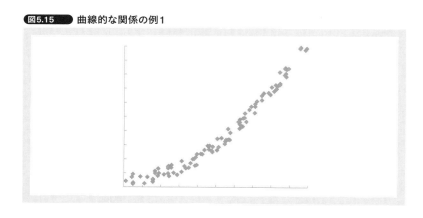

図5.16　曲線的な関係の例2

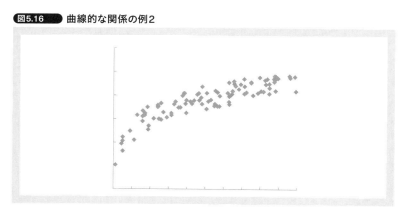

とを確認できると思います。実は図5.15はy=x²の関係を、図5.16はy=log(x)の関係を少しの誤差を加えて示したものです。このような関係は相関関係で表現される直線的な関係に対して、曲線的な関係と言われます。

こうした曲線的な関係にあるデータで相関係数を求めても、あまり意味はありません。想定すべき関係がそもそも相関関係とは異なるからです。相関係数ではなく曲線的な関係をどれくらい表しているかを分析することも可能ですが、本書では取り扱いません。大切なのは、データを集めた際、このような曲線的な関係にあるかもしれないので、相関係数を計算するだけではなく、なるべく散布図も描いておくべきということです。散布図を描いておけば、曲線的な関係であれば気が付くことができます。散布図がなければ、本当は曲線的な関係にあるのにその関係を見落としてしまう恐れがあります。こうしたリスクを避けるためにも、散布図と相関係数の併用は重要になります。

ここで示したのは曲線的な関係の一部で、ほかにもいろいろとあります。たとえば、Wikipediaの相関係数の項[注1]では相関係数が0.00になるが意味のあるデータの分布例も示されているので参考にしてください。

サンプルが少ないケースとはずれ値

相関係数の計算には、最低限3サンプルが必要です。しかし、前章でも解説しましたが、基本的にサンプルが少ない状態で分析しても誤差が大きいので、計算結果はあまり信用できないものになります。また、サンプルが少ないほど「はずれ値」の影響を受けやすくなってしまいます。

はずれ値とは、集団から逸脱したデータのことを言います。それなりの量のサンプルがあるデータでもはずれ値が1つ含まれるだけで計算結果は大きく変わってしまいます。たとえば、図5.7で示した2015年のプロ野球の登録選手の身長と体重のデータに、150cmで200kgという架空の選手を加えたものを**図5.17**に示します。

元の身長と体重の相関係数は0.64で、はずれ値を含んだデータの相関係数が0.51になります。このデータは895人分のサンプルがあるのですが、

注1 https://ja.wikipedia.org/wiki/相関係数

それでもたった1つのはずれ値によって相関係数が0.10以上低下しています。相関係数での0.10という大きさは相関関係の解釈に影響が出るレベルなので、たとえ900人近いサンプルがあってもこれだけ計算結果が歪むというのが、はずれ値の怖いところです。

このようなはずれ値がデータの中に含まれる場合、相関分析をそのまま行うには問題があるので、次のような方法がとられます。

- スピアマンの順位相関係数を計算する
- はずれ値を除いて相関係数を計算する

前者のスピアマンの順位相関係数はすでに説明しました。懐は広いのですが、データ間の関係性を分析する手法としては少し問題があります。そのため、後者のはずれ値を除くという方法がとられることが多いように思います。しかし、図5.17に示したような150cmで200kgという現実的にはほとんどあり得ないようなはずれ値であれば除外するのも簡単ですが、現実ではなかなか難しいところもあります。

何をもってはずれ値とするかは、平均±2標準偏差の範囲を超える値と判断するような基準もありますが、あるシーズンで傑出した成績の残した選手をはずれ値として除くべきなのかというと、そういうわけでもありません。こればかりはケースバイケースですので、状況に合わせた判断が求められます。

図5.17　はずれ値の影響

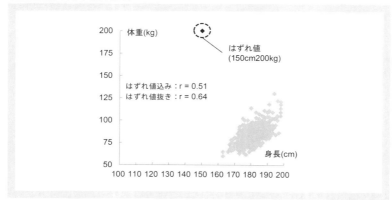

5.4 野球における相関分析の適用例

ここからは、野球において相関分析を適用した例を紹介していきます。

年度間相関

最初に紹介するのは年度間相関（*Year to year correlation*）と呼ばれるシーズン間の成績の相関係数を求めたものです。例として打撃成績と投手成績の一部の年度間相関の値を**図5.18**に示します。プロ野球のデータは2013年から2015年までにプロ野球で年間100打席以上の記録のある打者の記録、投手は年間100イニング以上の記録がある投手を対象としたものです。この選手の中から2年連続記録のある選手の成績の相関係数を求めたものが年度間相関です。

図5.18では、比較用にメジャーリーグのデータを示していますが、数値はFanGraphsというサイトの記事の2002～2012年までの分析結果より引用しています。

図5.18 年度間相関（プロ野球：2013～2015年＆メジャーリーグ：2002～2012年）

打撃成績	プロ野球 (N=253)	メジャーリーグ	投手成績	プロ野球 (N=55)	メジャーリーグ
打率	0.38	0.43	防御率	0.39	0.37
出塁率	0.47	0.61	FIP	0.65	0.58
長打率	0.61	0.61	フォアボール/打者	0.81	0.71
フォアボール/打席	0.60	0.78	三振/打者	0.63	0.80
三振/打席	0.73	0.86	ホームラン/打者	0.35	0.39
ホームラン/打席	0.74	0.74	WHIP	0.46	0.43
BABIP	0.30	0.37	BABIP	0.10	0.24

プロ野球：2013-2015、メジャーリーグ：2002-2012

- 打者

「Basic Hitting Metric Correlation 1955-2012, 2002-2012」
http://www.fangraphs.com/blogs/basic-hitting-metric-correlation-1955-2012-2002-2012/

- 投手

「Basic Pitching Metric Correlation 1955-2012, 2002-2012」
http://www.fangraphs.com/blogs/basic-pitching-metric-correlation-1955-2012-2002-2012/

　基本的にどの値も正の相関関係にありますが、成績によって相関の強さが異なります。この相関が強いということは、翌年も同じような成績になる可能性が高いことを意味します。逆に、年度間相関が弱い場合は、次のシーズンの成績は今シーズンから変わりやすいことを意味します。この中では打率などはそれほど強い相関とは言えません。したがって、ある年に高打率を残しても次のシーズンも高打率を残すとは必ずしも言えないというのが年度間相関の示すところです。選手の能力を評価する際には、このような成績の性質を理解しておくことが重要です。あてにならない指標をあまり重要視していては、選手の能力を見誤ってしまうことにもなります。

　ところで、図5.18にはプロ野球とメジャーリーグの年度間相関の値を合わせて示していますが、値自体はそれほど変わりないことを確認できます。よく日本とアメリカの野球は違うものだと言われますが、野球におけるシーズン間の成績の安定性というべき年度間相関はほとんど違いがないことは覚えておく必要があります。ここで示したのは日本とアメリカのデータですので、ほかの国でどうなるかは調べてみる必要があります。

● .... **データの作成方法と情報源**

　年度間相関を計算するには、あるシーズンのデータと次のシーズンのデータがペアで必要になります。しかし、一般に公開されている野球のデータは単独のシーズンの成績が提示される形で、その横にほかのシーズンの成績が添えられているということはありません。したがって、年度間相関を求めるためには、2シーズン分のデータのセットを作る必要があります。

　一人一人データのセットを作るのは非常に手間なので、筆者はこの作業をExcelのマクロ機能を使って自動的に処理するようにしています。ここではそ

の作成例を紹介します。まず、データを用意しますが、その際にデータを「1. 選手の名前」と「2. シーズン」の順に並べ替えます。1と2は並べ替えの際の優先順位です。並び替えたデータが**図5.19**になります。日本のプロ野球では、験を担いで登録名を変える選手がときどきいます。そういう選手はこの計算では別の選手として扱われてしまうので、名前を統一しておく必要があります。

この状態で、次のマクロを起動します。

```
Sub Macro_YtoY()
'
' Macro_YtoY Macro
'

N = 0     'サンプル数
V = 0     '変数

ii = 2
'-------------------------------------------------------------
For P = 1 To N
    i = P + 1
    B1 = Cells(i, 2): B2 = Cells(i + 1, 2)
    Y1 = Cells(i, 3): Y2 = Cells(i + 1, 3)


    If B1 = B2 And Y1 + 1 = Y2 Then


        For W = 1 To V
            j = V + W + 1

            If ii = 2 Then
                Range(Cells(1, j), Cells(1, j)).Value = Cells(1, W)
                Range(Cells(1, j + V), Cells(1, j + V)).Value = Cells(1, W)
            End If

                Range(Cells(ii, j), Cells(ii, j)).Value = Cells(i, W)
                Range(Cells(ii, j + V), Cells(ii, j + V)).Value = Cells(i + 1, W)
        Next W

        ii = ii + 1
```

```
    End If
Next P



End Sub
```

応用が利くようにサンプル数(選手数)と変数(指標)のデータのところを0にしています。ここに値を入力すれば、ほかのデータでも年度間相関用のデータセットを作成可能です。

たとえば、図5.19に示したデータには526人分のデータがあるのでN=526と書き換えます。そして、変数はNoからBABIPまで11種類あるのでV=11と書き換えます。この状態でマクロを実行した結果が**図5.20**になります。2シーズン分のデータセットができたので、CORREL関数を用いて、「配列1」に前年のデータを、「配列2」に翌年のデータを指定して、相関係数を求めるだけです。

年度間相関のデータについては、日本よりもアメリカのほうが一日の長があります。扱える指標の数が多く計算結果をまとめたコラムもいくつか

図5.19 年度間相関計算用の元データ

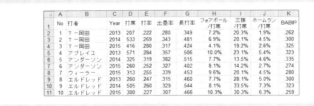

図5.20 年度間相関計算用の変換済みデータ

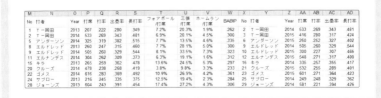

報告されています。参考までに、「SB Nation」のリンクも示しておきます。先ほども書いたように、日米での年度間相関にはそれほど差がないことから、この結果もある程度は日本に通用する結果ではないかと思います。

- 「What Starting Pitcher Metrics Correlate Year-to-Year?」
  http://www.beyondtheboxscore.com/2012/1/9/2690405/what-starting-pitcher-metrics-correlate-year-to-year
- 「What Hitting Metrics Correlate Year-to-Year?」
  http://www.beyondtheboxscore.com/2011/9/1/2393318/what-hitting-metrics-are-consistent-year-to-year

相関係数から見る勝利のために重要な指標

ここでは、勝利のために重要な指標として2つ紹介します。

● フォアボール

映画にもなった『マネーボール』でセイバーメトリクスを初めて導入したことで有名になったアスレチックスですが、彼らは当時重要視されていなかったフォアボールによる出塁能力に注目することで、他球団では評価されていなかった選手を抜擢しチームを躍進させました。このアスレチックスの戦略は実際には複雑な検証によって導かれたのでしょうが、相関係数を求めることで簡単に表すことができます。チームの得点や勝率と各種指標との相関係数を求めればよいのです。

プロ野球のような1年間を通してリーグ戦を戦う競技の最終目標は、できるだけ多くの勝利をあげることです。勝率の高いチームにはどんな特徴があるのかを相関係数を求めることで明らかにするわけです。**図5.21**には2007年から2015年までのプロ野球12球団の各種打撃成績と、平均得点(得点／試合)と勝率の相関係数を求めました。

各種の相関係数の値を見ると、フォアボール／打席と平均得点や勝率との相関係数はごく弱いものですが、打率にフォアボールによる出塁を加味した指標である出塁率は、打率や長打率と遜色ない相関係数となっています。この分析結果より、フォアボール自体に得点力や勝率を大きく向上させる力はないものの、出塁率と平均得点や勝率との相関係数より、ヒット数を補填す

る価値があることがわかります。アスレチックスもこのような傾向をつかんだため、出塁率を重視したチーム作りを目指したのではないかと思います。

● ········ 送りバント

もう1点注目したいのは、送りバントの相関係数です。平均得点との相関係数はマイナスで、送りバントの多いチームほど得点は低いという関係になっています。こういうデータを紹介すると「チームの得点力が低いから少ないチャンスで得点できるよう送りバントをするんだ」と言われる方がいます。日本では送りバントを駆使するような細かい野球が好きな人が多いのです。たしかに、得点力が低く接戦をものにするために送りバントを積極的に行うべきというアイデアもあります。しかし、それなら送りバントと勝率の間には正の相関関係が認められるべきですが、図5.21を見るとほとんど相関はないということがわかります。したがって、送りバントを積極的に行うチームは得点力が低く、勝率が高くなるわけではないということがわかります。送りバントがまったく無駄とは言いません。時として1本の送りバントが勝利につながることもあるでしょう、しかし、チームの戦略として積極的に送りバントを行うことが勝利にとって適切とは言えないというのがデータが示す結果です。

このような形で、さまざまな指標と得点や失点、勝率との関係を相関分析によって検証できます。相関係数はCORREL関数を使えばすぐに計算できます。ダウンロードできるファイルに練習用のデータを用意しておきますので、いろいろと練習してみてください。

図5.21 各種成績とチームの得点勝率の相関関係（プロ野球：2007〜2015年）

	得点/試合	勝率
打率	0.84	0.38
長打率	0.91	0.36
出塁率	0.85	0.45
フォアボール/打席	0.29	0.24
三振/打席	0.04	-0.11
ホームラン/打席	0.73	0.21
盗塁/試合	0.16	0.35
盗塁成功率	0.21	0.40
送りバント/試合	-0.37	0.05

5.5 相関分析を行う際に気を付けること

ここからは、相関係数を計算していくうえで注意しておく必要があることを紹介していきます。

擬似相関

まず紹介する擬似相関（*Spurious correlation*）というのは、本当は相関関係などないのに相関関係があるように見える状態のことを言います。

と言っても少しイメージしにくいかと思いますので、野球を例に考えていきます。図5.21に示した各種の成績と勝率の相関関係から、盗塁（盗塁／試合）と勝率の関係に注目します。盗塁と勝率の相関係数は0.35で弱くはありますが相関関係はあると言えます。ところで、盗塁というプレーについて考えてほしいのですが、このプレーはどんなに盗塁がうまい選手であっても、塁に出なければ実行することはできません。つまり、盗塁するにはヒットを打つなり、フォアボールを選ぶなりして出塁しないことにはできないということです。出塁率と勝率の相関は盗塁と勝率の相関より高いことが図5.21で確認できます。これらのデータの関係から1つの可能性が考えられます。それは、「盗塁数が多いから勝率が高いのではなく、盗塁するために出塁できているから勝率が高いのではないか」という可能性です。

このように、3つのデータ間の関係で、AとC、BとCに相関関係があると、AとBの間に本来相関関係がなくても、相関係数を計算すると相関関係があるという結果になる場合があります。こうした現象を擬似相関と呼びます。絵で描くと**図5.22**のようなイメージです。第3の指標につられて、本来ないはずの関係が認められるというイメージが擬似相関です。こういう現象があるのに、擬似相関関係を相関関係があったと判断してしまってはデータを見誤まります。

この問題を解決するには偏相関（*Partial correlation*）を求める必要があります。

偏相関とは、野球の例で言えば出塁率の影響を「除いた状態」[注2]で盗塁と勝率の間の相関係数を求めるという分析方法です。この方法は少々難しく、Excelの関数では計算できません。本書では計算式だけ示します。

$$r_{xy.z} = \frac{r_{xy}-(r_{xz} \times r_{yz})}{\sqrt{1-(r_{xz})^2} \times \sqrt{1-(r_{yz})^2}}$$

$r_{xy.z}$は、zの影響を除いたxとyの偏相関係数という意味です。そしてr_{xy}は、xとyの相関係数(r)という意味です。xとyが2つのデータを示しており、ほかの組み合わせの相関係数も計算には用います。

この計算式で求めた盗塁と勝率の偏相関は0.30でした。元の相関係数とそれほど変わらない値でしたので、擬似相関の恐れはそれほどないと判断してよいかと思います。一般に、第3の指標との相関係数がそれぞれ高い場合に、偏相関を求めると相関係数が低くなり擬似相関であることがわかることが多いです。盗塁の場合、出塁率との相関がそれほど高くなかったため、そこまで影響がなかったと考えられます。

このように、一見相関関係があるように見えても、その関係が擬似相関である可能性もあります。したがって、相関係数を求めて終わりというのではなく、第3の指標の影響による擬似相関の可能性も考え、よく吟味する必要があります。

注2　この状態を統計の用語で「統制：Control」と言います。

図5.22 擬似相関のイメージ

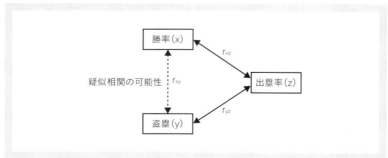

相関関係が示すもの —— 因果関係と共変関係

次のような朝ごはんの効果にまつわる話を聞いたことはないでしょうか。

- 朝ごはんをきちんと食べている家庭の子どもは成績が良い
- 朝ごはんをきちんと食べていない人の心疾患のリスクは高い

これも一種の相関関係と見ることができます。1週間の朝食の摂取率という形で数値化すれば成績や心疾患のリスクのリスクとの相関係数を求めることもできると思います。

ところで、このような話を聞くと、朝食をとることで人間の体に良い作用があって、成績や健康面にプラスの影響があるという因果関係を暗黙の裡に想定してしまいます。しかし、よくよく考えてみれば、朝食を毎日子どもにとらせている家庭は、教育熱心でほかにも教育に関する投資をしているからこそ成績が良い可能性も考えられます。毎朝朝食をとる大人も、健康に対する意識が高いためほかの日常行動でも健康のために良いことをしているから心疾患のリスクが低いのかもしれません。

何が言いたいのかというと、相関関係があることが因果関係があることを必ずしも約束しないということです。この「必ずしも」というのがポイントで、因果関係がある場合もあるし、ない場合もあるということです。結局、相関関係があるというだけでは因果関係の有無はわからないというのが、相関分析の限界なのです。

相関関係がとらえることができるのは、因果関係ではなく共変関係と言われています。必ずしも因果関係とらえることができないという意味で、ともに変化する関係と呼ばれています。相関関係があると聞くとそこに因果関係があるようなイメージをしてしまいがちですが、因果関係の有無を特定するには、より複雑な分析方法を用いるだけではなく、データを集める条件の整理など、統計学を超えた要素も求められます。本書ではそこまで言及はしませんが、相関係数のありがちな誤解であるので、注意する必要があることだけ理解しておいてください。

5 相関分析

データ分析の手始めとしての相関分析

相関分析の結果だけでは物事の因果関係まで明らかにできない以上、相関分析だけではデータを分析していく中で決定的な分析方法とはなりません。むしろ、第2章や第3章で紹介したような基礎的な統計値やグラフと同じ位置付けだと考えています。つまり、データを分析する内容にかかわらず、指標間の相関係数を求めておいたほうがよいということです。図5.23に打撃成績間の相関係数の一覧を示します。このような形式のデータを相関行列と言います。行列という名前が付きましたが、データ間の相関係数を一通り計算して行列としてまとめているだけで、計算方法としては一つ一つ相関係数を求めただけです。Excelのオートフィル機能を使えば、相関係数は簡単にかつ大量に計算することが可能ですので、データを収集した際には用意しておくべき情報の一つかと思います。

図5.23 相関行列の例

	長打率	出塁率	四球/打席	三振/打席	本塁打/打席	盗塁/試合	盗塁成功率	犠打/試合
打率	0.82	0.84	0.02	-0.19	0.54	0.14	0.15	-0.24
長打率		0.73	0.07	0.11	0.90	0.04	0.10	-0.41
出塁率			0.54	-0.16	0.45	0.19	0.21	-0.17
四球/打席				0.03	0.00	0.08	0.15	-0.03
三振/打席					0.26	-0.06	-0.04	-0.14
本塁打/打席						-0.11	0.02	-0.47
盗塁/試合							0.62	0.17
盗塁成功率								0.16

※ 四球=フォアボール、本塁打=ホームラン

5.6 まとめ

本章では、相関分析について解説しました。簡単に計算できる割に使い勝手の良い分析方法です。2つのデータ間の関係という最も基本的な関係性を数値化できる手法ですので、いろいろなことに使ってみてください。

Column

 相関関係がなかったとき

相関分析のメリットとして、多くの相関係数を一度に算出できることがあると本章で紹介しました。たくさんの相関係数を計算してその値を見ていくと、相関関係のあるところもあれば、相関関係のないところもあります。

このような結果を前にすると、どうしても相関があったところに注目が集まります。それ自体に問題はないのですが、相関がなかったらそれでおしまい、というのは少しもったいない考え方です。

たとえば、無相関のデータXとYと、XとYの平均値の線を引いた**図a**を示します。

この図はXとYの平均値の線によって4分割されています。そして、無相関ということは4つの区画にほぼ均等にデータがあるということになります。これが何を意味するかというと、

- Xの値が低く、Yの値も低い
- Xの値が低く、Yの値は高い
- Xの値が高く、Yの値は低い
- Xの値が高く、Yの値も高い

という4つのタイプにデータを均等に分けることができるということです。Xの値が同程度であっても、Yが低い場合もあれば高い場

合もあるということになるわけですが、このYの高低を分ける要因は何なのか？ と考えれば、相関関係がなかったところから新しいテーマが生まれてきます。

相関分析に限らずさまざまな分析をやっていると、事前に想定していた結果とは異なり、データ間の差や関連がなかったという結果に出くわすことはそれほど珍しくはありません。そこで、思ったような結果ではなかったと分析をやめてしまうのではなく、もうひと踏ん張りして新しいテーマを導き出し再度分析を行うというリカバリーをすることは重要です。毎度毎度分析がうまくいくわけではないので、転んでもただでは起きない精神を持って臨んでください。

図a　無相関のデータを分割

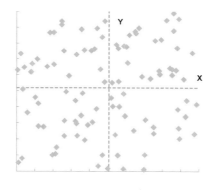

第6章

統計検定

データの差に意味があるのかを調べる

本章のテーマは統計検定です。まずは統計検定の考え方を解説し、その後シンプルな検定の方法を解説していきます。シンプルというのは、比較対象の少ない分析方法という意味です。具体的には、2つのグループ間の平均値を比較するt検定を解説します。合わせて、χ二乗(カイ)検定と無相関検定という検定も紹介します。こうした統計検定は、どのようなデータに対しても使えるというわけではなく、目的やデータによって使えるかどうかがルールとして決まっています。計算方法と合わせて、どのようなときに使う分析方法なのかも意識して読んでください。

6.1 統計検定とは何か

　第4章でも説明しましたが、私たちが手にするデータには誤差が含まれています。これを踏まえて次のテーマについて考えてみます。

Q：出塁能力の高いチームの勝率は高いか？

　このテーマに対する答えはYesと言ってよいでしょう。この関係を、前章では相関係数を求めるという形で分析しました。本章ではこの関係を前章とは異なる角度から考えていきます。それは、次の2つのグループの勝率の平均値を比較するという方法です。

- 出塁率が平均よりも高いチームの勝率(Aグループ)
- 出塁率が平均よりも低いチームの勝率(Bグループ)

　これは、前章の相関係数を求める方法よりもシンプルな方法と言えます。図6.1に2005〜2015年のプロ野球における出塁率の平均値である.323を基準に2つのグループを作成し、勝率を比較したものを示します。

図6.1　2グループの勝率の比較

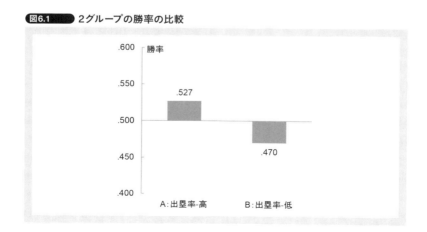

図6.1を見れば平均値に差があるように見えます。しかし、この差が誤差に過ぎないものなのか、それとも誤差ではなく意味のある差なのかというのは、単純に数値を眺めているだけではわかりません。これを検証する方法が統計検定というわけです。

統計検定の考え方 —— 仮説検定

統計検定では、平均値を比較する際にいくつかの手順を踏みます。最初に、次のような1つの仮説を立てます。

仮説：AとBの平均値は等しい。

AとBの間には見かけ上の勝率の差はあるけれど、これは誤差に過ぎず本当は等しいという仮説です。AとBの間の差があるのかを知りたいわけですが、そのためにまず逆の仮説を立てます。

次にこの仮説のもとで、本当は平均値が等しく差がないのに、たまたまこのような差がついてしまった可能性を計算します[注1]。計算の結果、この可能性がまれであったとします。これは仮説が正しいのであれば、ほとんど起こらないようなことが起こったことになります。これを珍しいことが起きたのではなく、そもそも最初の仮説が誤っていると判断します。この判断を「仮説を棄却する」と言います。仮説が棄却されることによって、AとBの平均値は等しいとは言えない、すなわちAとBには差があると判断するわけです。

このように、AとBの間に差があることを示すために、先にAとBは等しいという仮説を立て、この仮説を棄却することで差があると判断するのが統計検定の考え方です。この棄却されるために設定される最初の仮説を帰無仮説(H_0)と言い、もともと検証したかった過程を対立仮説(H_1)と言います。この仮説は**図6.2**に示すように対となるもので、少々遠回りに感じるかもしれません。しかし、「差がある」ことを証明するのは難しいので、このような方法をとります。

注1　計算は分析方法によって異なってきますので、分析方法ごとに解説します。

有意水準（危険率）

統計検定において、帰無仮説のもと、実際のデータに見られる差が生じる可能性がまれな場合、ほとんど起こらないようなことが起こったのは帰無仮説が誤っていたのだと棄却することになっていますが、それでは「まれ」とはいったいどれくらいの可能性なのでしょうか。

一般に、この確率は5%と設定されています。つまり、帰無仮説のもとで測定されたデータに見られるような差がある可能性が5%よりも低い場合、まれなことが起きたと判断します。その場合、帰無仮説は棄却され、AとBの平均には有意な差が認められた（p<.05）、と記述します。このp<.05というのが5%の確率で、有意水準（危険率）と呼ばれます。実はこのまれと判断する基準に明確な科学的な根拠はありません。あくまで慣例として決まっています。なので、分野によっては1%の有意水準が求められたりする場合もあります。これはその分野の慣例に従ってください。

● ……… 片側検定と両側検定

「AとBの平均値は等しい」という帰無仮説のもと、実際のデータに見られるような差がつく可能性を計算すると**図6.3**のようなイメージになります。A＝Bの可能性が最も高く、A＞B、A＜Bの差が大きくなるほどその可能性は小さくなるという関係です。

この中で5%の有意水準とは、**図6.4**に示すように両端から累積2.5%のポイントです。実際のデータに見られるような差となる可能性が、このポイントの外側の可能性になったときにまれなことが起こったと判断し、帰無仮説を棄却します。有意水準が1%の場合は両端から0.5%となります。なぜ両側を見るかというと、検定をする段階ではA＞BなのかA＜Bなの

図6.2 仮説の設定

H_0(帰無仮説): $A = B$

H_1(対立仮説): $A \neq B$

かという確証がないからです。このような検定方法を両側検定と言います。有意水準の数値だけではイメージしにくいですが、両側合わせて5%と覚えてもらえれば大丈夫です。

逆に、図6.5のように片方だけで5%の基準を設けるような場合もあります。これを片側検定と言いますが、それほど使われる方法ではありません。A > B、もしくはA < Bという関係が明らかになっているときに用いることができる方法なのですが、あらかじめどちらのほうが大きいかという関係がわかっているようなことは少ないからです。基本的には両側検定を用いるという考えで大丈夫です。

図6.3 有意水準5%となる位置は

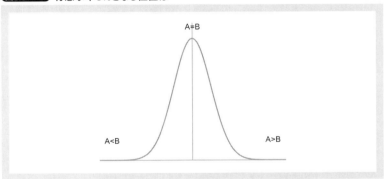

図6.4 有意水準5%となるポイント（両側検定）

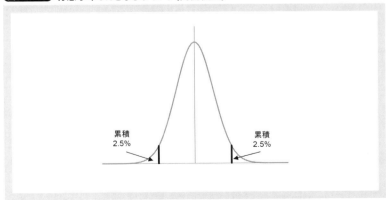

判断を誤るリスク

ここまでの仮説検定の流れをおさらいします。

- ⓐ A＞Bというデータがある
- ⓑ A＝Bという帰無仮説を立て、この仮説のもとでA＞Bとなる可能性を計算する
- ⓒ 上記ⓑの可能性が有意水準よりも低い場合は、帰無仮説は棄却される
- ⓒ' 上記ⓑの可能性が有意水準よりも高い場合は、帰無仮説を棄却できない

ここで注目したいのは、帰無仮説を棄却するかどうかの判断です。5％の有意水準で帰無仮説を棄却するということは、本当は帰無仮説を棄却すべきではないのに、誤って棄却してしまう可能性もわずかながらあるということです。これを「第1種の過誤(エラー)」と言います。逆に、本当は帰無仮説を棄却すべきなのに5％の有意水準に達していないために棄却できない場合もあります。これを「第2種の過誤(エラー)」と言います。

このように、統計検定は、可能性としては低いのですが誤った判断をするリスクを伴った方法です。しかし、こうしたエラーが起こる可能性を0にすることはできません。統計検定とは、判断の確かさの基準と、同時に判断が抱えるリスクを明確に示した計算方法と言えます。

図6.5 有意水準5％となるポイント(片側検定)

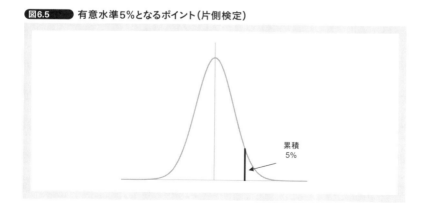

6.2 t検定
2つのグループの平均値の比較

　前置きが長くなってしまいましたが、ここからは具体的な統計検定の方法を解説していきます。最初に紹介するのはt検定です。これは、2つのグループの平均値を比較する方法です。

　このt検定については、Excelの分析ツールを使った検定方法を解説したあと、その計算方法について解説します。本来なら順番が逆だとは思うのですが、一度データを触りながら分析し、その結果を見ながら計算方法を説明したほうがわかりやすいと思います。そのため、最初にきちんと計算方法の説明をしてほしいという方は少しページを飛ばして「t検定の計算方法」を読んだあとに戻ってきてください。

分析のための準備 —— データの並び替え

　どのような分析をする場合もそうですが、集めたデータが最初から分析しやすいように並んでいるわけではありません。最初のステップとしてデータを分析しやすいように並び替えるという仕事があります。今回の分析ではデータは**図6.6**のように並んでいるのが望ましいです。

　出塁率の高いグループAと、出塁率の低いグループBが行方向に別れて並んでいるほうが望ましいということです。識別子は、グループAかBのどちらに当たるかということを確認できるラベルです。今回は数値（A=1：B=0）を当てはめます。

　図6.7に元のデータを示します。ダウンロードできるデータには出塁率以外のデータも用意していますのでいろいろと分析して慣れてほしいのですが、ここでは勝率と出塁率のみのデータを例として使います。

　このデータはプロ野球12球団の2005年から2015年までのデータで、そのままシーズンの順番に並んでいます。このデータを行方向にグループAとBに分けるには、出塁率の値を基準に並び替えれば大丈夫です。グルー

プAが出塁率の高いグループなので、降順で並び替えてください。

次に、識別子を作成します。これはグループAかBか見分けるためのものです。新しく列を作成してそこに識別子を記入します。データを目視して値を割り振ってもよいのですが、**図6.8**に示すように、今回はIF関数を使うと識別子の作成が速くて便利です。IF関数は「=if(条件式, 真の場合, 偽の場合)」という関数で、ここでは出塁率の値が平均(このデータでは.323)よりも低い場合は0を、高い場合は1を出力するようにしています。

図6.6 t検定のためのデータの配置

図6.7 元のデータ配置

	A	B	C	D	E
1	No	チーム	Year	勝率	出塁率
2	1	阪神	2005	.617	.345
3	2	中日	2005	.545	.342
4	3	横浜	2005	.496	.328
5	4	ヤクルト	2005	.493	.323
6	5	巨人	2005	.437	.321
7	6	広島	2005	.408	.329
8	7	ロッテ	2005	.632	.347
9	8	ソフトバンク	2005	.664	.340
10	9	西武	2005	.493	.337
11	10	オリックス	2005	.470	.320
12	11	日本ハム	2005	.466	.310
13	12	楽天	2005	.281	.312
14	13	中日	2006	.617	.333
15	14	阪神	2006	.592	.328

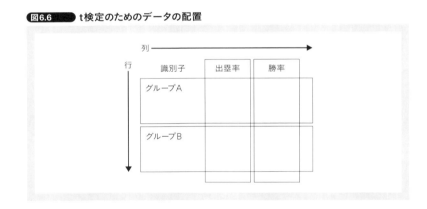

t検定の実施

t検定の手順は次の2つのステップから成ります。

❶等分散性の検定：2つのグループ間の分散の比較

❷t検定の実施：2つのグループ間の平均値の比較

最初のステップとして、2つのグループの分散を比較します。この分散が等しい場合と等しくない場合とではt検定の実施方法が異なってきます。まずはこの等分散性の検定の解説から始めましょう。

●………等分散性の検定（F検定）

t検定という分析方法は、2つのグループの分散が等しいことを前提にしています。そのため、あらかじめ2つのグループの分散が等しいかどうかを確認しておく必要があります。そのためにはいくつかの方法がありますが、本書ではF検定という分析方法を用います。

F検定は、ExcelのF.TEST関数を使えば簡単に計算することが可能です。**図6.9**に示すように、まずは計算結果の出力先のセルを選択し関数からF.TEST関数を探します。

F.TEST関数を選んだら、**図6.10**に示したように配列1と配列2にそれぞれAとBグループの出塁率のデータを指定します。グループAとBのデータが配列1と2のどちらに入ってもかまいません。

図6.8 識別子の作成

E2　fx　=IF(F2<0.323,0,1)

	A	B	C	D	E	F
1	No	チーム	Year	勝率	出塁率G	出塁率
2	69	ロッテ	2010	.528	1	.352
3	7	ロッテ	2005	.632		.347
4	1	阪神	2005	.617		.345
5	62	阪神	2010	.553		.345
6	115	ソフトバンク	2014	.565		.344
7	55	日本ハム	2009	.577		.343
8	68	西武	2010	.545		.343
9	2	中日	2005	.545		.342
10	20	西武	2006	.597		.342
11	8	ソフトバンク	2005	.664		.340
12	47	楽天	2008	.461		.340
13	64	ヤクルト	2010	.514		.340

これでF検定の結果が出力されます。この値により次のことがわかります。

- 0.05よりも大きい
  →2つのグループの分散に差があるとは言えず、分散が等しい(等分散)
- 0.05よりも小さい
  →2つのグループの分散には差があり、分散が等しいとは言えない(不等分散)

例のデータではF検定の結果は0.461で0.05よりも大きいので、等分散と判断します。

以上が等分散性の検定で、F検定の結果が等分散か不等分散かでこの次の手順が変わってきます。

図6.9 F検定の実施：関数の選択

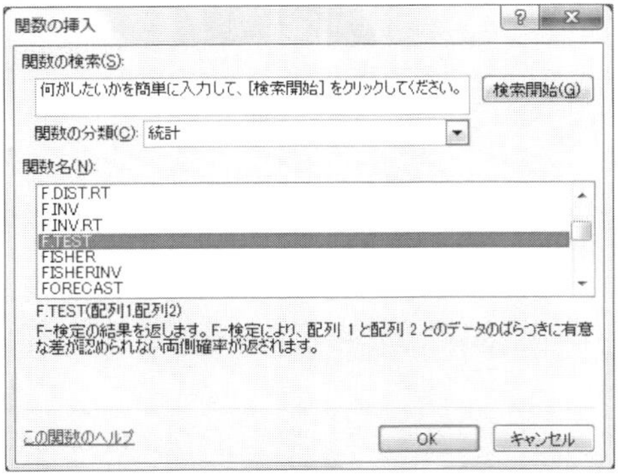

図6.10 F検定の実施：変数の選択

●········等分散の場合のt検定

F検定の結果、分散が等しいとされた場合のt検定の実施方法です。「データ」→「データ分析」を選択してください。そして**図6.11**に示すように、ツール内の「t検定：等分散を仮定した2標本による検定」を選択してください。

すると、**図6.12**に示すような入力ウィンドウが出てきますので、「変数1の入力範囲」と「変数2の入力範囲」を指定します。この分析ではグループAとBの勝率を比較するので勝率部分のデータを指定します。枠で囲んだ部分が有意水準になります。最初から5％に設定されていますが、必要に応じて変えてください。

この分析の結果出力されるのが**図6.13**です。詳しい計算過程は後述しますが、t検定では最終的にこの図6.13に示す「t」の値（ここでは4.87）を計算します。この値が、「t境界値 両側」の値よりも大きい場合、帰無仮説が棄却され5％の有意水準で平均値の差があると判断されます。その際、「P(T<=t) 両側」の値が有意水準である0.05（5％）よりも小さい値となります。帰無仮説が棄却されるかどうかを判定するだけであれば、「P(T<=t) 両側」を見るだけで判断できます。

図6.11 t検定（等分散）の選択

図6.12 t検定（等分散）の実施

これによって、変数1と変数2の差は誤差ではなく意味のある差である、つまり出塁率の高いチーム(変数1)は、出塁率の低いチーム(変数2)よりも有意に勝率が高いと言えます。

この結果を記述する場合、「t(自由度)= t, p<.05」と記述します。ここでの「自由度」の値は130なので、「t(130)=4.87, p<.05」となります。

「P(T<=t) 両側」が0.05よりも大きい場合、帰無仮説を棄却できないので、平均値の差があるとは言えません。そのときは、「t(自由度)=○○, n.s.」と記述します。n.s.とはNot significantの略で、有意ではない場合にはこのように書きます。

以上が、2つのグループの分散が等しい場合のt検定の分析手順です。操作手順自体はツールがあるのでそれほど難しいものではありません。まずはこの操作手順に慣れてください。

● ……… **不等分散の場合のt検定**

続いて、2つのグループの分散が等しくない場合のt検定です。先述したとおり、t検定は2つのグループの分散が等しいことを前提とした計算方法なので、分散が等しくない場合はそのまま行うことができません。そこでウェルチ(Welch)の方法というやり方で計算します。

と言っても、計算の方法自体は分散の等しいt検定のときとそれほど変わりはありません。最初に分析ツールで選ぶ項目が**図6.14**に示すように異なるだけです。分散が等しくない場合は、「t検定: 分散が等しくないと仮定した2標本による検定」を選択してください。

図6.13 t検定(等分散)の出力

	A	B	C	D
1	t検定:等分散を仮定した2標本による検定			
2				
3		変数 1	変数 2	
4	平均	0.53	0.47	
5	分散	0.00	0.00	
6	観測数	70	62	
7	プールされた分散	0.00		
8	仮説平均との差異	0		
9	自由度	130		
10	t	4.87		
11	P(T<=t) 片側	0.00		
12	t 境界値 片側	1.66		
13	P(T<=t) 両側	0.00		
14	t 境界値 両側	1.98		
15				

残りの手順は分散が等しい場合と同じです。データを指定して有意水準を確認したら出力してください。

t検定の計算方法

それでは、t検定の計算方法について紹介していきます。まずは、等分散性の検定に用いたF検定について解説します。

●……… F検定

F検定は2つのグループの分散を比較する方法です。2つのグループの分散が等しいという仮説(帰無仮説)のもとで不偏分散の比(F値)を計算します。この計算式を、2つのグループ(グループ1・グループ2)を例に解説します。

F値の計算には、グループ1と2の不偏分散の値が必要です。不偏分散は、標本分散と次の数式のような関係にあります。

$$不偏分散 = \frac{データ数(n) \times 標本分散}{データ数(n) - 1}$$

数式中のnはデータ数です。この関係から不偏分散を求め、分散の比率(F値)を求めます。F値は次の数式で求められます。

$$F = \frac{グループ1の不偏分散 \times グループ1のデータ数(n)}{グループ2の不偏分散 \times グループ2のデータ数(n)}$$

2つのグループのn(データ数)が等しい場合には次の数式でも計算できます。

$$F = \frac{グループ1の不偏分散}{グループ2の不偏分散}$$

図6.14 t検定(不等分散)の実施

この不偏分散の比(F)から2つのグループの分散が等しいかを判断するのですが、その過程はF.TEST関数で紹介したとおりです。関数が用意されているので自分で計算することはないと思いますが、こういうことをやっているというイメージをつかんでいただければと思います。

● ……… 等分散のt検定

次に、t検定の計算過程を解説していきます。t検定では2つのグループ間の平均値に差はないという仮説(帰無仮説)からスタートします。この仮説において、**図6.15**に示すような平均値の差が生じる確率を計算していきます。

2つのグループ間の平均値に差はないという仮説(帰無仮説)において、図6.15のような差を計算するためには次のような式を用います。

$$t = \frac{グループ1の平均 - グループ2の平均}{\sqrt{\frac{(グループ1の標本分散 \times n_1) + (グループ2の標本分散 \times n_2)}{n_1 + n_2 - 2} \times (\frac{1}{n_1} + \frac{1}{n_2})}}$$

n_1：グループ1のデータ数
n_2：グループ2のデータ数

複雑な数式ですが、これは内部でこういう計算をしているというくらいで大丈夫です。この計算式によって求められたtの値がどのくらいの確率で起こるかを調べます。その際図6.4では、イメージしやすいように正規分

図6.15 2グループの勝率の比較

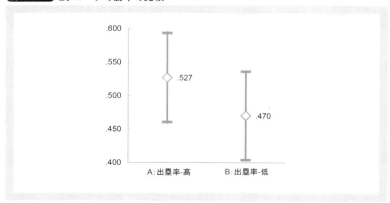

布の形で書いたのですが、分析に使うデータ数が少ない場合、正規分布をそのまま使うことはできません。もともとt検定はこの問題を解決するために開発された方法で、**図6.16**に示すようなt分布を用います。

このt分布は自由度(*degree of freedom*：df)によって形が変わります。自由度は検定方法によって計算方法が異なりますが、t検定ではn−2で求められます。自由度が大きくなるほどt分布の形は正規分布に近付きます。t検定ではこの自由度によって決まるt分布からt値の確率値を求めます。

● ……… **不等分散のt検定**

2グループの分散が等しくない場合に用いられるウェルチの方法というのは、t値と自由度の計算方法が異なります。t値(t)と自由度(ν)の計算方法は次のようになります。

$$t = \frac{\text{グループ1の平均} - \text{グループ2の平均}}{\sqrt{\dfrac{\text{グループ1の不偏分散}}{\text{グループ1のデータ数}(n_1)} + \dfrac{\text{グループ2の不偏分散}}{\text{グループ2のデータ数}(n_2)}}}$$

$$\nu = \frac{\left(\dfrac{\text{グループ1の不偏分散}}{\text{グループ1のデータ数}(n_1)} + \dfrac{\text{グループ2の不偏分散}}{\text{グループ2のデータ数}(n_2)}\right)^2}{\dfrac{\text{グループ1の不偏分散}^2}{n_1^2(n_1-1)} + \dfrac{\text{グループ2の不偏分散}^2}{n_2^2(n_2-1)}}$$

図6.16 自由度別に見たt分布

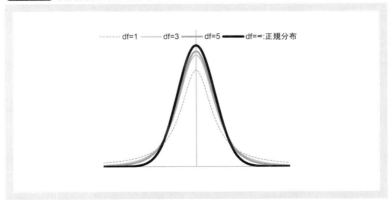

こちらも複雑な数式ですが、内部でこういう計算をしているというくらいで大丈夫です。この自由度（ν）の計算式の結果が整数にならない場合もありますが、その際は小数部分を切り捨てた小さい自由度を参照します。あとは、この値を用いて自由度（ν）のときのt分布より、t値の確率値を計算し、有意水準と比較します。

以上がt検定の計算の手順です。数式をつらつらと書き並べると大変なことをしているような気もしますが、そこは計算をやってくれる統計ソフトにお任せして、道中このような過程で計算がなされていることだけ知っておいてもらえればと思います。ダウンロード可能なデータには練習用のデータとしてさまざまな指標が用意してありますので練習してみてください。

対応のあるt検定

● ········ 対応のあるt検定とは

ここまでのt検定は、2つのグループの平均値の比較を行いましたが、そのグループに属する対象は異なっていました。一方、**図6.17**に示すようなタイプのデータもあります。

これは前章で選手の年度間相関を求めた際に使用したシーズン間の成績です。このデータを用いて、前年と翌年の成績を比較して差があるかを計算してみます。今までのt検定と違うのは、比較する2つのデータが同じ選手の前年と翌年のものということです。このようなデータを「対応のある」データと言います。逆に、これまでやってきたt検定のように2つのグルー

図6.17 対応のあるデータ

	A	B	C	D	E	F	G	H	I	J
1				前年				翌年		
2	No	打者	Year	打率	長打率	出塁率	Year	打率	長打率	出塁率
3	1	T-岡田	2013	.222	.349	.280	2014	.269	.481	.343
4	2	T-岡田	2014	.269	.481	.343	2015	.280	.424	.317
5	5	アンダーソン	2014	.319	.515	.382	2015	.252	.402	.327
6	8	エルドレッド	2013	.247	.460	.315	2014	.260	.544	.329
7	9	エルドレッド	2014	.260	.544	.329	2015	.227	.466	.307
8	11	エルナンデス	2014	.262	.373	.309	2015	.271	.400	.317
9	15	キラ	2013	.259	.478	.362	2014	.257	.417	.355
10	20	クルーズ	2014	.238	.419	.268	2015	.255	.401	.289
11	22	ゴメス	2014	.283	.492	.369	2015	.271	.423	.364
12	24	サブロー	2013	.245	.375	.335	2014	.248	.362	.329
13	28	ジョーンズ	2013	.243	.454	.391	2014	.221	.426	.394

プに該当するデータが異なる場合を「対応のない」データと言います。

対応のあるデータの場合、ここまでにやってきた対応のないデータで行ったt検定を使うことができません。別途、対応のあるt検定を行う必要があります。これも分析ツールを使った計算方法を紹介します。まず、「データ」→「データ分析」を選択してください。そして**図6.18**に示すように、ツール内の「t検定: 一対の標本による平均の検定」を選択してください。

以降の手順は、対応のないt検定と同じです。**図6.19**のようなウィンドウが出ますので、「変数1の入力範囲」には前年の、「変数2の入力範囲」には翌年のデータを指定します。ここでは例として打率のデータを使っています。

この作業ができたら、**図6.20**のように結果が出力されます。ここからは、対応のないt検定のときと手順は同じです。「自由度」「t(値)」「P(T<=t)両側」の値から結果を判断してください。

● ……… 対応のあるt検定の計算

対応のあるt検定の場合、データに対応があるため、対応のないt検定とは計算方法が異なります。対応のあるt検定では、対応のあるデータの差

図6.18 対応のあるt検定の選択

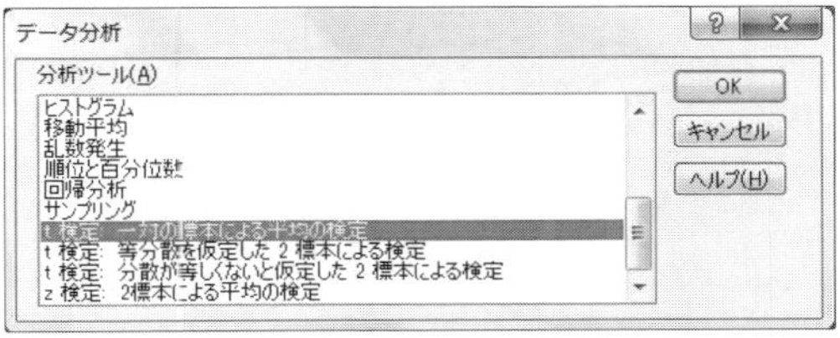

図6.19 対応のあるt検定の実施

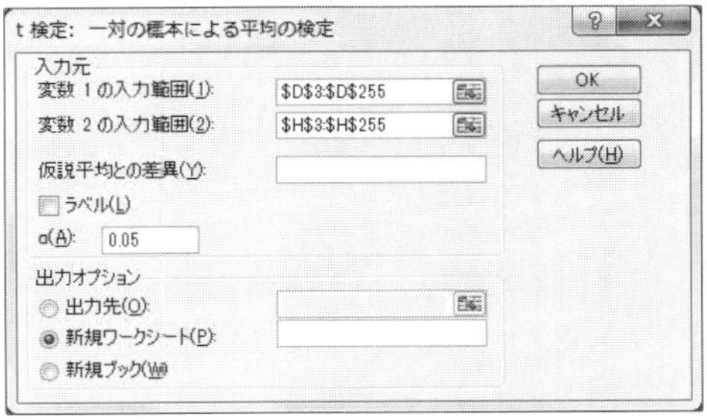

Dを求めます。

$$D : X_2 - X_1$$

図6.20を例に挙げると、前年の打率がX_1に、翌年の打率がX_2にあたります。この値をもとに、次の数式でt値を計算します。

$$t = \frac{Dの平均}{\sqrt{\frac{Dの分散}{n(n+1)}}}$$

　この計算式によって求められたt値と、対応のあるt検定ではn-1で求められる自由度の値から、t分布上の確率値を求め有意水準を判定するという手順は、これまでのt検定と同じです。
　対応のあるt検定では、対応のないt検定でやったような事前の等分散性の検定は必要ありませんが、分析しておいて損はありません。たとえば、t検定を行った結果、前年と翌年の平均値に差があるとは言えないということになっても、前年と翌年の分散には差がある可能性もあるからです。このようなことがあるので必要に応じて、対応のある検定でも等分散性の検定を用いてみてください。

図6.20 対応のあるt検定の出力

	A	B	C	D
1	t検定: 一対の標本による平均の検定ツール			
2				
3		変数 1	変数 2	
4	平均	.267	.259	
5	分散	.001	.001	
6	観測数	253	253	
7	ピアソン相関	0.38		
8	仮説平均との差異	0		
9	自由度	252		
10	t	2.85		
11	P(T<=t) 片側	0.00		
12	t 境界値 片側	1.65		
13	P(T<=t) 両側	0.00		
14	t 境界値 両側	1.97		
15				

6.3
χ二乗検定
2つのグループの比率の比較

χ二乗検定の計算方法の解説と実施

次に紹介するのはχ二乗検定です。アルファベットのX（エックス）ではなくギリシャ文字のχ（カイ：Chi）です。こちらはデータ間の比率を比較する方法です。χ二乗検定はt検定とは異なり、Excelの分析ツールでは分析できません。そのため、ここからは計算方法を説明しながら、手順も合わせて解説していきます。

まず、例として用いるデータを**図6.21**に示します。これは2015年のプロ野球各球団のホーム（本拠地球場）とロード（相手本拠地球場）での勝敗を表したものです。この中から、引き分けを除いたヤクルトの成績を例に、「ホームとロードとでは強さが異なるのか？」というテーマでχ二乗検定を行います。

図6.21を見れば、ヤクルトのホームでの成績は45勝26敗で勝ち越し、ロードでは31勝39敗で負け越しています。この成績だけ見れば、ホームとロードでは強さが異なると言えそうです。これを統計的に考えた場合、

図6.21 2015年のホームとロードの成績

順位	チーム名	ホーム 勝	ホーム 敗	ホーム 分	ロード 勝	ロード 敗	ロード 分
1	ヤクルト	45	26	1	31	39	1
2	巨人	47	24	0	28	43	1
3	阪神	44	27	1	26	44	1
4	広島	37	32	2	32	39	1
5	中日	38	31	3	24	46	1
6	DeNA	36	34	1	26	46	0

順位	チーム名	ホーム 勝	ホーム 敗	ホーム 分	ロード 勝	ロード 敗	ロード 分
1	ソフトバンク	44	25	3	46	24	1
2	日本ハム	42	30	0	37	32	2
3	ロッテ	38	33	0	35	36	1
4	西武	40	31	1	29	38	4
5	オリックス	35	36	0	26	44	2
6	楽天	28	40	3	29	43	0

本当はホームとロードでの強さに差はないのに、たまたまこのような成績となった可能性を帰無仮説とし、これを棄却することでホームとロードでは強さが異なると言えます。

χ二乗検定を行うには、まず**図6.22**に示すように実際に起こった結果（実測値）を配置します。

次に、帰無仮説によって予測されるホームとロードの成績を計算します。「ホームとロードでの強さに差はない」というのが帰無仮説になるので、**図6.23**に示す値が予測される成績になります。この値を期待値と言います。ホームとロードで勝敗の数がほぼ同じとなっていることを確認できると思います。この期待値は、**図6.24**に示す方法によって計算されます。図中にグレーの背景で示したのが期待値の計算方法です。

ここまでの作業で、**図6.25**に示すようなホームとロードの勝敗の値ができると思います。この実測値と期待値の値を使ってχ二乗検定を行います。

分析にはCHISQ.TEST関数を用います。関数の中から**図6.26**に示すようにCHISQ.TEST関数を選びます。すると**図6.27**のようなウィンドウが開きますので、「実測値範囲」と「期待値範囲」に図6.25で色を付けている実

図6.22 2015年のヤクルトホームとロードの成績の比較

実測値	勝	敗	計
ホーム	45	26	71
ロード	31	39	70
計	76	65	141

図6.23 2015年のヤクルトホームとロードの成績の期待値

期待値	勝	敗	計
ホーム	38.3	32.7	71
ロード	37.7	32.3	70
計	76	65	141

測値と期待値を指定します。

この結果、0.023という値が出力されます。この値は有意水準である0.05より小さい場合、「ホームとロードでの強さに差はない」という帰無仮説が棄却されます。したがって、2015年のヤクルトはホームとロードで強さに差があるということが言えます。勝敗を数えれば自明のことではありますが、統計的な裏付けが取れたということになります。

今回はヤクルトのデータで分析しましたが、ダウンロードデータにはほかの球団のデータも用意してあります。また、「χ二乗検定-練習用」というシートには図6.25の元となったデータを用意しています。ここにはヤクルトのデータがすでに入力されていますが、ほかのチームのデータに変えることでχ二乗検定を行うことができますので、練習に使ってください。

図6.24 期待値の計算

期待値	勝	敗	計
ホーム	A×a÷N	A×b÷N	A
ロード	B×a÷N	B×b÷N	B
計	a	b	N

図6.25 CHISQ.TEST関数の実施

実測値	勝	敗	計
ホーム	45	26	71
ロード	31	39	70
計	76	65	141

期待値	勝	敗	計
ホーム	38.3	32.7	71
ロード	37.7	32.3	70
計	76	65	141

実測値　期待値

CHISQ.TEST関数における計算

このCHISQ.TEST関数でどのような計算が行われているかというと、図6.25でホームとロードと勝敗で4つのカテゴリができます。この4つのカテゴリの実測値と期待値から次のような計算を行います。

$$\frac{(実測値-期待値)^2}{期待値}$$

この値の合計値が、次の数式に示すχ二乗値となります。

$$\chi^2 = \frac{(実測値-期待値)^2}{期待値}の合計$$

このχ二乗値が、次の計算で求められる自由度のχ二乗分布での有意水

図6.26 χ二乗検定の実施：関数の選択

図6.27 χ二乗検定の実施：変数の指定

準5%の値よりも大きい場合に有意であると判定されます。

$$\text{自由度} = (\text{行の数} - 1) \times (\text{列の数} - 1)$$

行と列は、この場合は図6.25に示したホームとロードが行に、勝敗が列となります。それぞれ2つずつなので、自由度は1となります。今回は行列2つずつで比較しましたが、この数をさらに増やした分析を行うこともできます。その際、χ二乗分布は**図6.28**に示すように、自由度によってその形が変わります。

以上がχ二乗検定の手順です。CHISQ.TEST関数が一括して行ってくれる手順ですので覚える必要はありませんが、ほかの分析と同じく一度手順に触れておくことで理解が深まります。

図6.28 自由度別に見るχ二乗分布

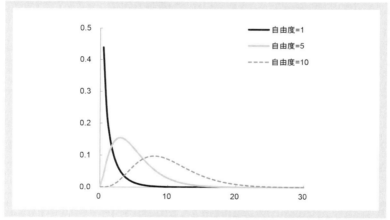

6.4 無相関検定
相関係数の有意性を調べる

3つ目の検定として紹介するのは無相関検定という方法で、前章で扱ったピアソンの積率相関係数が有意かどうか判断を行うものです。相関係数を求めたあと必ず行う必要があるというものではありませんが、分析結果の裏付けにもなるので、できる限りやっておくべき検定です。

無相関検定を行う方法

この無相関検定は、データ数と相関係数の絶対値から有意かどうかを判断するのですが、Excelにはこの検定は用意されていません。そこで、ダウンロードデータに無相関検定ができるシートを用意しています。**図6.29**のような形式なのですが、最初の状態では自由度はマイナスでt値とp値にはエラーが出ています。これは相関係数とデータ数が入力されていないためで、**図6.30**のように値を入力すると計算結果が出力されます。

このp値が0.05以下の場合、その相関係数が5%の有意水準で有意であると言えます。複数の相関係数について無相関検定を行いたい場合は、**図6.31**に示すように相関係数とデータを先に入力して、最初の自由度とt値

図6.29 無相関検定・台紙

とp値が出力されているセルをドラッグしてください。この状態でドラッグ右下の■部分にカーソルを合わせて右へオートフィルすると、**図6.32**に示すように一括して計算結果が出力されます。

図6.30 出力例

相関係数	r	0.30
データ数	n	50
自由度	df	48
t値	t	2.18
有意確率	p	0.039

図6.31 セルをドラッグ

	A	B	C	D	E
1					
2	相関係数	r	0.30	0.20	0.40
3					
4	データ数	n	50	100	30
5					
6	自由度	df	48		
7					
8	t値	t	2.18		
9					
10	有意確率	p	0.039		

図6.32 オートフィルの利用

	A	B	C	D	E
1					
2	相関係数	r	0.30	0.20	0.40
3					
4	データ数	n	50	100	30
5					
6	自由度	df	48	98	28
7					
8	t値	t	2.18	2.02	2.31
9					
10	有意確率	p	0.039	0.053	0.032

この無相関検定の実施用のデータですが、自由度、t値、p値のセルにはあらかじめ関数が書き込んであり、相関係数とデータ数が入力されれば出力するようになっています。そのため、この3つのセルのデータは消去しないように使ってください。もし、削除してしまった場合は、次の関数を直接入力しなおしてください。

- **自由度**：=C4-2
- **t値**：=(C2*SQRT(C6))/SQRT(1-C2^2)
- **有意確率**：=T.DIST(C8,C6,FALSE)

無相関検定の計算方法

　さて、無相関検定とはどのような計算なのかというと、相関係数(r)が0、つまり2つのデータ間に相関がないという仮説(帰無仮説)のもとで、実際の相関係数がたまたま起こったことに過ぎないのか、それとも意味のある(有意な)結果なのかを判定する方法です。ピアソンの積率相関係数では次の式で計算することで求められるt値が、自由度(n − 2)のt分布における有意水準5％のt値よりも大きいかどうかによって判定されます。

$$t = \frac{r\sqrt{n-2}}{\sqrt{1-r^2}}$$

　この無相関検定において、自由度(n − 2)のt分布における有意水準5％のt値は、データ数が多くなるほど小さくなります。したがって、分析に使用したデータ数が多いほど、有意であると判定されやすくなります。たとえば、データ数が400の場合、相関係数(r)が0.098より大きければ有意であると判断されます。これは、ほとんど相関がないと言える関係であっても、有意な相関であると判定されることになります。したがって、データ数が数百を超えてくると、相関が有意かどうかを判定することにそれほど意味はなくなります。
　一方データ数が非常に少ない場合は、相関係数がかなり大きくないと有意であるとは認められません。たとえば、データ数が10の場合は相関係数が0.632より大きくないと5％水準では有意と判断できません。このような

状況では、本来有意である相関関係を有意ではないと判断してしまうリスクも高くなります。

図6.33にデータ数ごとに5%水準で有意と判定されるのに最低限必要な相関係数の値（絶対値）を示します。データ数が30未満の場合、最低限必要な相関係数の値が0.37以上と、弱から中程度の相関の強さになります。この場合、弱い相関があった場合に、有意な相関ではないと判定されてしまうので、目安として最低30のデータ数は確保しておいたほうがよいでしょう。

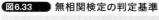無相関検定の判定基準

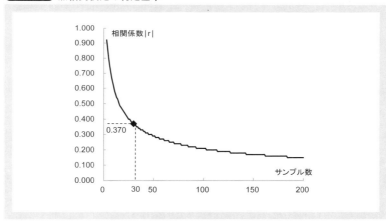

6.5 まとめ

　本章では統計検定について、その考え方と実施方法について解説しました。差がない仮説を棄却することで差があることを証明するという手順は少々回りくどく感じるかもしれませんが、慣れてしまえば一連の手続きに感じられると思います。

　統計検定にはさまざまな方法がありますが、基本となる部分は共通ですのでまずはシンプルなt検定やχ二乗検定をマスターしてほかの検定へとステップアップしていってください。

Column

これからの統計検定
── アメリカ統計学会からの提言

　ちょうど本書の執筆中、アメリカ統計学会(American Statistical Association：ASA)から、有意水準(P-Value)に関する声明がありました[注a]。「p<.05」であることを示すだけでは根拠として不十分であること、そこからさらに深い分析が求められているという内容です。

　現代の推計統計学を確立した一人であるロナルド・フィッシャーが統計検定を導入した20世紀の前半より約100年の時間が経ちましたが、21世紀に入り統計学ではより深く詳細な分析が求められるようになったということです。

　そういう意味では統計検定は、現在の統計学の最前線では使用範囲が限られる手法となりつつあります。しかし、これらの方法が不要となったわけではありませんので、基礎的なスキルとして身に付けておいて損はありません。

注a　https://www.amstat.org/newsroom/pressreleases/P-ValueStatement.pdf
　　　http://amstat.tandfonline.com/doi/pdf/10.1080/00031305.2016.1154108

第7章 分散分析

より複雑な関係を分析する

本章では、分散分析という統計検定の方法を解説します。前章で解説したt検定よりも、さらに複雑な関係を分析できるのが特徴です。この分散分析を身に付けることで、データ分析の幅を広げることができます。

7.1 分散分析とは

　本章のテーマは分散分析です。英語での表記はanalysis of varianceで、ANOVA（アノーバ）と略して呼ぶ人もいます。統計検定の一つで、前章で紹介したt検定よりも複雑な分析が可能です。具体的には、t検定は2つのグループの比較でしたが、分散分析では3つ以上のグループでの比較が可能になります。たとえば、プロ野球の打者を次の4つのグループに分けたとします。

- 24歳以下
- 25〜29歳
- 30〜34歳
- 35歳以上

　この4つのグループの打撃成績を比較したい場合に分散分析を用いるわけですが、よくあるQ&Aとして「t検定ではダメなのか？」というものがあります。t検定は2つのグループの比較しかできないので、上記の4つのグループから2つずつ抜き出して比較すればよいのではないかという考えなのですが、これはムリな相談です。

　なぜムリなのかと言うと、前章で紹介した第1種の過誤（エラー）の起こる可能性が高くなるからです。第1種の過誤（エラー）とは、本当は帰無仮説を棄却すべきではないのに、誤って棄却してしまうことです。このようなことが起こらないように5%という低い有意水準を設定しているわけですが、たとえ低い有意水準であっても、何度も検定を繰り返すと1度も第1種の過誤（エラー）が起こらない確率は非常に小さなものになってしまいます。これを検定の多重性と言い、3つ以上のグループのデータを比較したい場合には、t検定のような2つのグループの比較を繰り返すのではなく、分散分析が必要になるわけです。

7.1 分散分析とは

分散分析のポイントと用語

　t検定よりも複雑な分析に使うことができる分散分析ですが、できることが複雑になる分、きちんと用語間の関係を理解しておくことが重要です。まずは分散分析の基本となる概念である「要因と水準」と「独立変数と従属変数」という用語を、先ほど挙げた野球選手の年齢と打撃成績の関係から説明していきます。

● ……… 要因と水準

　まず、要因とは結果に影響を与える原因のことを言います。例の場合、結果とは打撃成績になりますので、要因はそれに影響する「年齢」ということになります。

　水準とは、要因を質的分類、または量的に変化させた条件のことを言います。例の場合は年齢を4つのグループに分けていますが、このグループを水準と言います。例の場合は「年齢という要因に4つの水準がある」と記述します。この関係を図示すると**図7.1**のようになります。

　例では水準数を4としていますが、基本的には任意に設定してもらってかまいません。ただ、水準数が2ではt検定で済むので3以上となることが多いと思います。

　また、検定をする以上、1水準あたりにそれなりのサンプル数が必要となります。最低でも10、できれば20から30はあったほうがよいです。水準を多く作りすぎると1水準あたりのサンプルが少なくなりますので、利用可能な総サンプル数と相談して、1水準に十分なサンプルが行き渡るよ

図7.1　要因と水準の関係

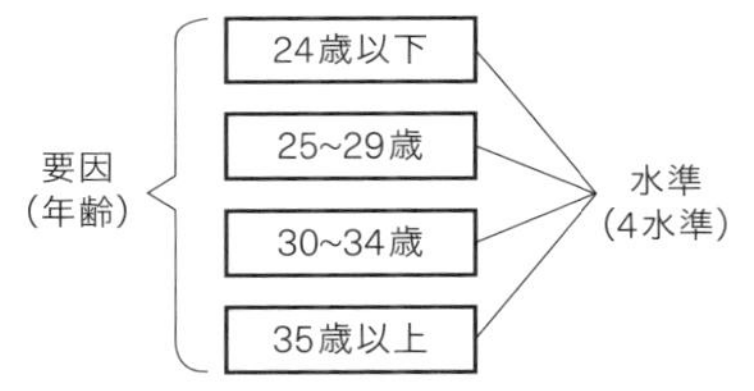

```
                  ┌── 24歳以下 ──┐
       要因       ├── 25~29歳 ──┤   水準
      (年齢)      ├── 30~34歳 ──┤  (4水準)
                  └── 35歳以上 ──┘
```

うに設定するのがよいかと思います。

● 独立変数と従属変数

次の用語は、独立変数と従属変数です。仰々しい名前ですが、要するに原因(独立変数)と結果(従属変数)という関係になっています。例の場合、要因である年齢が独立変数で、打撃成績が従属変数となります。この関係を図示すると図7.2のようになります。

例では従属変数を打撃成績とあいまいに書いていますが、実際に分析する場合、打撃成績を反映している指標を1つ選ぶ必要があります。分散分析では、選ぶことのできる従属変数は1つです。2つ以上に増やした場合、多変量分散分析という呼び名に変わり、計算方法も複雑になります。これは少々難易度も高いので本書では扱いません。

ほかにも用語はあるのですがとりあえずはここまでにして、あとは計算する過程で解説していきます。

分散分析の実施

それでは、Excelを使って分散分析をする方法を解説していきます。分析にはダウンロードデータを使います。データは図7.3のようになっています。データの種類はたくさんありますが、ここでは「年代」を独立変数、「打率」を従属変数とした分散分析を行います。

図7.2 独立変数と従属変数の関係

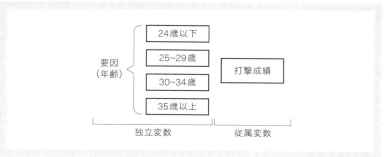

7.1 分散分析とは

●········ 分析ツールを使った分散分析

このような要因が1つだけの分散分析は、一元配置分散分析と呼ばれます。分析ツールを使って分散分析を行うには、図7.3に示したようなデータの配置では分析できません。**図7.4**に示すように、1水準のデータを1列ずつ配置しなおす必要があります。

このような形でデータを準備できたら、**図7.5**に示す分析ツールの中の「分散分析:一元配置」を選択します。

続いて、**図7.6**に示すようにデータの「入力範囲」を指定します。今回の

図7.3　使用データ

	A	B	C	D	E	F	G	H	I	J	K	L	M	N	O	P	Q
1	No	選手名	Year	Team	守備	守備No	年齢	試合数	打席	打率	出塁率	長打率	BABIP	ISO	三振率	四球率
2	1	高橋周平	2015	D	内野	1	22	1	51	172	.208	.287	.338	.259	.130	24.4%	9.3%
3	2	山田哲人	2015	S	内野	1	23	1	143	646	.329	.416	.610	.353	.282	17.2%	12.5%
4	3	中村剛也	2015	M	内野	1	23	1	111	299	.230	.279	.331	.289	.100	23.1%	5.0%
5	4	外崎修汰	2015	L	内野	1	23	1	43	110	.186	.240	.247	.258	.062	27.3%	5.5%
6	5	今宮健太	2015	H	内野	1	24	1	142	530	.228	.279	.326	.261	.098	15.7%	6.4%
7	6	西川遥輝	2015	F	内野	1	24	1	125	521	.276	.368	.391	.345	.115	18.8%	11.5%
8	7	西田哲朗	2015	E	内野	1	24	1	62	183	.220	.268	.280	.293	.060	24.0%	6.0%
9	8	濱間大基	2015	F	外野	2	19	1	46	140	.285	.307	.377	.359	.092	20.7%	3.6%
10	9	関根大気	2015	YB	外野	2	20	1	55	159	.222	.261	.326	.254	.104	13.8%	5.0%
11	10	鈴木誠也	2015	C	外野	2	21	1	97	238	.275	.329	.403	.312	.128	16.0%	6.7%

図7.4　データ配置

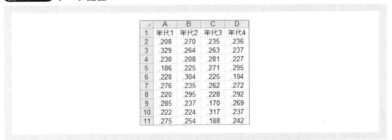

図7.5　分析ツールを使った分散分析:分析方法の選択

場合は4列分のデータすべてを囲うように選択してください。もう1点、「先頭行をラベルとして使用」にもチェックを入れておいてください。作業はこれだけですので「OK」をクリックしてください

すると、**図7.7**に示すように分析の結果が出力されます。

分散分析では「各水準の変動は等しい」、つまり水準間に差はないという帰無仮説のもとで計算されています。この帰無仮説が棄却された場合、要因の「主効果」があったと言います。図7.7に出力された結果もこの主効果の有無です。詳しい内容は後述しますが、結果の解釈に必要な情報は、次の4つです。

- グループ(水準)間の自由度
- グループ(水準)内の自由度
- 観測された分散比
- 確率(P-値)

図7.6 分析ツールを使った分散分析:データの指定

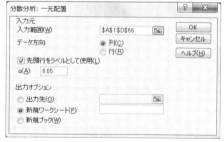

図7.7 分析ツールを使った分散分析:結果の出力

	A	B	C	D	E	F	G
1	分散分析:一元配置						
2							
3	概要						
4	グループ	標本数	合計	平均	分散		
5	年代1	27	6.485	.240	.002		
6	年代2	64	16.206	.253	.002		
7	年代3	65	16.591	.255	.001		
8	年代4	28	6.950	.248	.002		
9							
10							
11	分散分析表						
12	変動要因	変動	自由度	分散	観測された分散比	P-値	F境界値
13	グループ間	0.005	3	0.002	1.093	0.353	2.655
14	グループ内	0.266	180	0.001			
15							
16	合計	0.271	183				

まず、確率 (P-値) が主効果の有無を判定する確率となります。図7.7を見るとこれが0.353となっていますが、有意水準である0.05よりも大きいため帰無仮説は棄却されません。したがって、主効果は認められず、年代ごとの打率には差が認められなかったという結果になります。その際の結果は次のように表記します。

F(水準間の自由度, 水準内の自由度)= 観測された分散比, 有意確率

今回の例では、水準間の自由度が3で、水準内の自由度が180、観測された分散比が1.093なので、次のような表記になります。

F (3,180) = 1.09, n.s.

● ……… **分散分析の計算**

分散分析はどのような分析かというと、その名のとおり全体の平均と各グループの分散を比較する分析方法です。まずは**図7.8**のような関係をイメージしてみてください。

この図は4つのグループ (水準) の打撃成績の分布をイメージしたもので、実際の成績ではありません。右に行くほど打撃成績が高いとしています。図中の破線は各水準の平均 (標本平均) になります。

分散分析では、「水準間の平均値に差がない」という仮定 (帰無仮説) のも

図7.8 分散分析のイメージ例

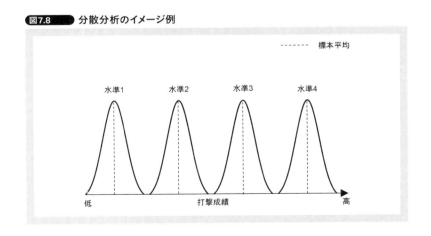

とで、水準間の差があるのかを計算します。その際に計算のポイントとなるのが**図7.9**に示す要素です。

いろいろと情報が増えてしまいましたが、重要なのは水準間の変動と水準内の変動です。水準間の変動とは全体の平均から各水準の平均（標本平均）のばらつきを示し、水準内の変動とは各水準内のばらつきを示しています。仮に水準間の変動が小さい、つまり全体の平均から各水準の平均（標本平均）のばらつきが小さく、水準内の変動（ばらつき）が大きいと、**図7.10**

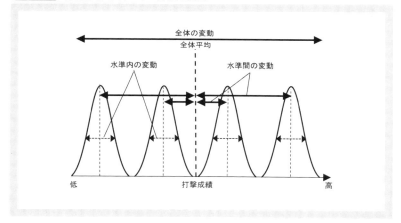

図7.9 分散分析のイメージ：各種の変動

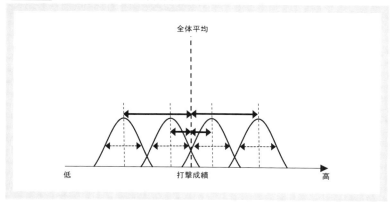

図7.10 水準間変動：小、水準内変動：大

のようなデータとなります。図7.8と比較すると各水準が全体平均に寄り、水準ごとの山の幅が大きくなっているのを確認できます。その結果、水準間の分布が被る、つまり水準間の差が小さくなります。

それでは逆に、水準間の変動が大きく、水準内の変動（ばらつき）が小さくなると**図7.11**のようなデータとなります。こちらは水準間の差が際立っていることを確認できると思います。以上のように、分散分析では水準間の変動と水準内の変動を見ることでグループ間の成績の差を比較しています。こうした変動を数値化して、水準間の変動と水準内の変動を求めることで計算しているわけです。これは仮に示したイメージなので4つの水準の分布はお互い被らずに並んでいますが、実際にはこんなにきれいに離れて並ぶことはないと思います。あくまでイメージではありますが、分散分析の過程が伝わればと思います。

さて、ここまで新しく出てきた「変動」という用語を放置してきましたが、データのばらつきを示すと言ったように、各データから平均値の値を減算し2乗したものの合計値（平方和）が変動になります。次の数式に示すように、この値をデータ数で除算したものが分散なので、すでに出てきた概念でもあります。

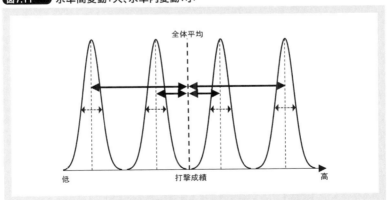

図7.11 水準間変動：大、水準内変動：小

7 分散分析

$$変動：\sum_{i=1}^{n}(x_i － \overline{x})^2$$

$$分散：\frac{1}{n}\sum_{i=1}^{n}(x_i － \overline{x})^2$$

そして、分散分析における変動は次の数式で計算されます。

- 水準間の変動：{(標本平均－全体平均)² ×標本数}の合計
- 水準内の変動：{標本分散×標本数}の合計
- 全体の変動：{全データの標本分散×全データの標本数}

これらの変動から分散の値を求めるわけですが、普通の分散の計算方法とは異なり、分散分析ではデータ数ではなく自由度で除算します。次に自由度の計算式を示します。

- 水準間：水準数－1
- 水準内：全データの標本数－水準数
- 全体：全データの標本数－1

これらのデータを用い、水準間と水準内の分散と2つの分散の比を求めます。

- 水準間の分散：水準間の変動÷水準間の自由度
- 水準内の分散：水準内の変動÷水準内の自由度
- 分散比：水準間の分散÷水準内の分散

この分散比の値を利用して、2つの分散に差が認められるのか判定するのが分散分析です。

● 分散分析の計算過程

ここまで示したように、分析ツールを使えば比較的簡単に分散分析は可能です。しかし、それだけでは内部でどんな計算が行われているかを知る由もありません。そこで、分析ツールを使わずに直接分散分析をする方法を、計算の過程を見ながら解説します。一度計算をやっておけば、分散分析がどのような分析なのかよくわかるようになると思います。

分析には、ダウンロードデータにある年齢のシートのデータと「分散分析表1」というシートの表を使います。シートを分けたのは、ほかの分析でも使えるようにするためです。「分散分析表1」は**図7.12**のような形式となっています。例題を解くために初期設定は4水準としていますが、必要に応じて増減させてください。ガイドとして使用する関数を表の右側に記載しています。

さて最初の作業は、次の3つを計算することです。

- **水準ごとの標本平均**
- **標本数(データ数)**
- **標本分散**

図7.3に示した年代というデータが水準の番号になりますので、各水準の値を**図7.13**に示すように計算していきます。ガイドに示した関数を使ってデータを指定すると計算できます。これを水準1から水準4まで計算します。

続いて計算するのは、水準間の変動です。「(標本平均－全体平均)^2×標本数」で計算できますので、**図7.14**に示すように計算していきます。これを水準1から水準4で計算します。「全体」のところは、たとえば「標本平均」は水準1～4を平均したものではなく全データを平均した値であることに注意してください。

図7.12 「分散分析表1」シート

	A	B	C	D	E	F	G	H	I
1									
2			水準1	水準2	水準3	水準4	全体		使用関数
3		標本平均							AVERAGE
4		標本数							COUNT
5		標本分散							VAR.P
6									
7									
8									
9			水準1	水準2	水準3	水準4	全体		使用関数
10		水準間の変動							SUM
11		水準内の変動							
12									
13		全体の変動							
14									
15			変動	自由度	分散				
16		水準間							
17		水準内							
18									
19		F値			使用関数				
20		F 95%			F.INV.RT				

次は、水準内の変動を計算します。「標本分散×標本数」で計算できますので、**図7.15**に示すように計算していきます。こちらも水準1から水準4で計算します。

水準間と水準内の変動をそれぞれ計算できたら、全体の欄には4つの水準の変動の値を**図7.16**に示すように合計してください。水準間の変動の4

図7.13 分散分析の計算：各水準での計算

	水準1		水準4	全体
標本平均	.240	← AVERAGE関数		
標本数	27	← COUNT関数		
標本分散	.002	← VAR.P関数		

図7.14 分散分析の計算：水準間の変動の計算

	水準1	水準2	水準3	水準4	全体
標本平均	.240	.253	.255	.248	.251
標本数	27	64	65	28	184
標本分散	.002	.002	.001	.002	.001

	水準1	水準2	水準3	水準4	全体
水準間の変動	0.00331				
水準内の変動					

(標本平均−全体平均)^2×標本数

図7.15 分散分析の計算：水準内の変動の計算

	水準1	水準2	水準3	水準4	全体
標本平均	.240	.253	.255	.248	.251
標本数	27	64	65	28	184
標本分散	.002	.002	.001	.002	.001

	水準1	水準2	水準3	水準4	全体
水準間の変動	0.00331	0.00025	0.00103	0.00026	
水準内の変動	0.04403				

標本分散×標本数

つの値と水準内の変動の4つの値をそれぞれ合計します。

次に計算するのは全体の変動の値です。これは**図7.17**に示すように、全体の「標本分散×標本数」で計算できます。これは分散分析自体には必要な値ではないのですが、図7.16で計算した水準間の変動の合計値と水準内の変動の合計値を加算した値と、全体の変動の値が等しいかを確認するために求めます。2つの値が等しい場合、ここまでの計算が正しいことを意味し、正しくない場合はどこかに計算ミスがあることを意味します。

ここまでの準備が整ったら、水準間と水準内の分散を計算します。まずは**図7.18**に示すように水準間と水準内の変動の値を指定し、**図7.19**に示すように自由度を設定します。

図7.16 分散分析の計算：全体の水準間・水準内の変動計算

	水準1	水準2	水準3	水準4	全体
標本平均	.240	.253	.255	.248	.251
標本数	27	64	65	28	184
標本分散	.002	.002	.001	.002	.001

	水準1	水準2	水準3	水準4	全体
水準間の変動	0.00331	0.00025	0.00103	0.00026	0.00484
水準内の変動	0.04403	0.10386	0.07148	0.04651	0.26587

水準1〜4の合計（SUM関数）

図7.17 分散分析の計算 全体の変動の計算

	水準1	水準2	水準3	水準4	全体
標本平均	.240	.253	.255	.248	.251
標本数	27	64	65	28	184
標本分散	.002	.002	.001	.002	.001

	水準1	水準2	水準3	水準4	全体
水準間の変動	0.00331	0.00025	0.00103	0.00026	0.00484
水準内の変動	0.04403	0.10386	0.07148	0.04651	0.26587
					0.27071
全体の変動	0.27071				

標本分散×標本数

変動の合計

変動と自由度の値が決まれば、**図7.20**に示すように分散の値が決まります。

これで水準間と水準内の分散の比を計算できます。この比の値が**図7.21**に示すように、確率95%のFの値よりも大きい場合、有意な差があると判断します。

確率95%のFの値はF.INV.RT関数に次の値を指定することで計算ができます。有意水準には0.05を直接入力してください。

図7.18 分散分析の計算：水準間と水準内の変動の指定

	水準1	水準2	水準3	水準4	全体
水準間の変動	0.00331	0.00025	0.00103	0.00026	0.00484
水準内の変動	0.04403	0.10386	0.07148	0.04651	0.26587
					0.27071

全体の変動	0.27071

	変動	自由度	分散
水準間	0.00484		
水準内	0.26587		

図7.19 分散分析の計算：自由度の指定

	変動	自由度	分散
水準間	0.00484	3	
水準内	0.26587	180	

水準数ー1

全標本数ー水準数

F値	
F 95%	

使用関数
F.INV.RT

図7.20 分散分析の計算：分散の値の計算

	変動	自由度	分散
水準間	0.00484	3	0.00161
水準内	0.26587	180	0.00148

変動÷自由度

F値	
F 95%	

使用関数
F.INV.RT

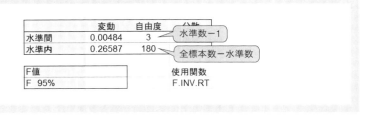

```
=F.INV.RT(有意水準, 水準間の自由度, 水準内の自由度)
```

図7.21ではFの値が確率95％のFの値よりも小さく、有意ではないことがわかります。

● ········ 繰り返し分散分析を行う場合

分散分析の計算過程を示してきましたが、やはり分析ツールを使わない場合それなりに手間がかかります。しかし、分散分析を繰り返し行うような場合、一度この計算過程を完成させていれば、以降の計算が簡単に済みます。

分析ツールで分散分析をする場合、1列に1水準のデータを配置する必要があります。たとえば、打率で分散分析を行ったあと、出塁率で分散分析をしたい場合、またデータを並び替える必要があります。

図7.22は分散分析表の最初に作ったデータである水準ごとの標本平均と標本数、標本分散のデータなのですが、このデータを選択すると、画面上

図7.21　分散分析の計算：F値の計算と判定

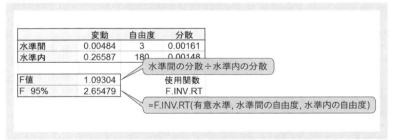

図7.22　分散分析表の応用

の関数f(x)の欄に図に示すような式が表示されます。

これは、打率のデータがあるK列2行目からK列28行目までの平均値という意味なのですが、このK列というところで置換機能を用いて隣のL列に変化するとデータはL列の出塁率の値に置き換えられます。すると、以降の計算もこの出塁率の値をもとに自動的に変更されるので、置換するだけでほかの指標の分析もできてしまうのです。

一度分析ができたら、その分散分析表をどこかほかにコピー&ペーストして、列を置換するだけでほかの指標の分析ができてしまうのが分散分析表を使うメリットです。したがって、分散分析を1回だけする予定であれば分析ツールを使うほうが速いのですが、ほかの指標も分析するのであれば最初はたいへんですが分散分析表を使うことをお勧めします。

注意点として、ここでは打率の列がK列でしたが、ほかのデータで分析する場合は、また別の列を使って分析するようになると思います。データを置換する際、その列の番号が、AVERAGE、COUNT、VAR.Pに使用されているアルファベットと被った場合は注意が必要です。関数まで置換されて計算が正しく機能しないからです。

このような場合(たとえばR列をQ列に置換する場合)、少し工夫して次のように置換することで、関数まで置換されてしまうことを防ぐことができます。

- (R→(Q
- :R→:Q

● ……… **多重比較**

分散分析の仮定(帰無仮説)は、すべての水準間に差がないというものです。年代で打率を比較した場合、主効果(有意な差)は認められなかったので、例の場合はここで分析終了でよいのですが、仮に主効果が認められた場合は話が違ってきます。

「すべての水準間に差がない」という帰無仮説が棄却されるということは、水準間のどこかに差があるということなのですが、どこに差があるかはわからないのです。この問題を解決する方法を多重比較と言います。2つの水準をピックアップして差があるかどうかを比較する方法です。

本章の最初で紹介したように、2つのグループの比較を繰り返す場合、検

定の多重性という問題が生じますが、多重比較はこの検定の多重性に陥らないよう配慮された計算方法です。本来なら、分析ツールに多重比較の方法もセットであるべきだと思うのですが、残念ながらExcelにはその機能は備わっていません。多重比較の検定方法にもいろいろと種類がありますが、本書では代表的なTukeyの方法をダウンロードデータを使って分析できるようにしましたので、その方法について解説します。

Tukeyの方法とは、t検定を検定の多重性の問題を考慮した形で修正した計算方法です。次の数式によって求められる値q_sが、水準数と自由度によって決まるStudent化された範囲の値(q)よりも大きい場合に有意な差があると判定されます。Student化された範囲の値(q)とは、t検定において求められたtの値が、有意かどうかを判定する際の基準となる値のことです。

$$q_s = \frac{\overline{x_A} - \overline{x_B}}{\sqrt{水準内の変動 \times (\frac{1}{n_A} + \frac{1}{n_B})}}$$

数式中のxは平均値、nは標本数になります。AとBは2つの水準の例という意味になります。この計算によって求められた値q_sが次の数式のような関係にあるとき、AとBの差は有意であると判定されます。

$$q_s > \frac{student化された範囲の値(q)}{\sqrt{2}}$$

例としてTukeyの方法を、ダウンロードデータにある「多重比較1」と「多重比較2」というシートを使って分析します。まず、使用するデータを**図7.23**に示します。これは分析ツールを使って計算した出力(図7.7)と同じものです。この中から必要なのは、破線で囲んだ次の値です。

- 各水準の平均値
- 各水準の標本数
- グループ(水準)内の変動の値

ここでは列として年代1と年代2の比較をしてみます。

ダウンロードデータの「多重比較1」というシートを選択すると、**図7.24**のようなシートとなっています。ここに必要な情報を入力することで計算

できるようになっています。図7.24でグレーになっているセルにはすでに数式を入力していますので、それ以外のセルに値を入力します。

それぞれ平均と標本数、水準内変動の欄に2つの水準のデータを入力してください。AとBと2つの入力欄がありますが、Aのほうに平均値の大きい水準のデータを入力してください。合わせて全標本数と、水準数も入力してください。今回の水準数は4になります。

以上のデータを入力すると$\sqrt{2}\,q_s$が出力されます。$\sqrt{2}\,q_s$となっているのは、先ほどの数式でq_sと比較する値が、Student化された範囲の値(q)を$\sqrt{2}$で除算したものであるためです。そのため、q_sに$\sqrt{2}$を乗算する値と、Student化された範囲の値(q)を比較します。この$\sqrt{2}\,q_s$の値が、水準数と自由度によって決定される危険率95%のStudent化された範囲の値(q)よりも大きい場合、水準間の平均の差は有意であると判定されます。

Student化された範囲の値(q)は、ダウンロードデータの「多重比較2」と

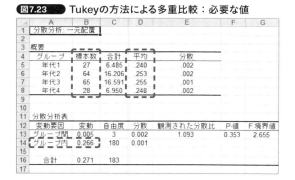

図7.23 Tukeyの方法による多重比較：必要な値

	A	B	C	D	E	F	G
1	分散分析: 一元配置						
2							
3	概要						
4	グループ	標本数	合計	平均	分散		
5	年代1	27	6.485	.240	.002		
6	年代2	64	16.206	.253	.002		
7	年代3	65	16.591	.255	.001		
8	年代4	28	6.950	.248	.002		
9							
10							
11	分散分析表						
12	変動要因	変動	自由度	分散	観測された分散比	P-値	F 境界値
13	グループ間	0.005	3	0.002	1.093	0.353	2.655
14	グループ内	0.266	180	0.001			
15							
16	合計	0.271	183				
17							

図7.24 Tukeyの方法による多重比較：計算の実施

	A	B	C	D	E	F	G
1							
2							
3							
4		平均$_A$	標本数$_A$	平均$_B$	標本数$_B$	水準内の変動	q_s
5		.253	64	.240	27	0.266	0.110
6							
7							
8		全標本数	水準数	自由度	$\sqrt{2}q_s$		
9		184	4	180	0.156		
10							

いうシートから求めます。このシートを選択すると、**図7.25**のようにStudent化された範囲の値（q）の一覧があります。

この図では一部しか示していませんが自由度500まで値は続いています。この中から、自由度180、水準数4の値を見ると3.667なので、$q > \sqrt{2}\,q_s$という関係となるので、年代1と年代2の平均値には差があるとは言えないという結果になります。

といった形で、分析ツールの結果の出力と連動して多重比較ができるようにしておきましたので活用してください。Student化された範囲の値（q）は、Excelとは別にRという統計ソフトを使って算出しています。あまりないとは思いますが、水準数が11以上、自由度が500より大きい場合は本書では対応していません。本書では**図7.26**に示すコードを用いて値を計算したのですが、これを拡張すればStudent化された範囲の値（q）をさらに計算したり、危険率99％での値も計算可能ですので使ってもらえればと思います。

図7.25 Tukeyの方法による多重比較：Student化された範囲

	A	B	C	D	E	F	G	H	I	J
1	Student化された範囲	水準数								
2	自由度	2	3	4	5	6	7	8	9	10
3	2	6.080	8.331	9.799	10.881	11.734	12.435	13.028	13.542	13.994
4	3	4.501	5.910	6.825	7.502	8.037	8.478	8.852	9.177	9.462
5	4	3.927	5.040	5.757	6.287	6.706	7.053	7.347	7.602	7.826
6	5	3.635	4.602	5.218	5.673	6.033	6.330	6.582	6.801	6.995
7	6	3.460	4.339	4.896	5.305	5.628	5.895	6.122	6.319	6.493
8	7	3.344	4.165	4.681	5.060	5.359	5.606	5.815	5.997	6.158
9	8	3.261	4.041	4.529	4.886	5.167	5.399	5.596	5.767	5.918
10	9	3.199	3.948	4.415	4.755	5.024	5.244	5.432	5.595	5.738
11	10	3.151	3.877	4.327	4.654	4.912	5.124	5.304	5.460	5.598
12	11	3.113	3.820	4.256	4.574	4.823	5.028	5.202	5.353	5.486

図7.26 RでのStudent化された範囲の計算

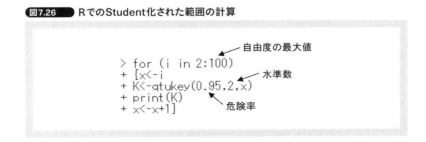

7.2 2要因の分散分析

分散分析は3つ以上のグループ（水準）の比較が行えるのがメリットですが、さらに複雑な計算が可能です。具体的には要因を増やすことができるのです。

たとえば、ここまでは一元配置（1要因）の分散分析として年齢と打撃成績の関係を分析してきましたが、ここにポジションという要因を追加してみます。野球には9のポジションがありますが、9水準になると少し計算がたいへんなので、内野・外野・捕手の3水準とします。

年齢とポジションの2要因をまとめると**図7.27**のような関係になります。

2要因の分散分析の手順

これまで分析してきたのは図7.27中のグレーで示す部分で、要因が増えることで複雑な関係になったことを確認できると思います。

図7.27は2要因の例ですが、さらに3要因、4要因と要因を追加していくことも可能です。3要因の分散分析は**図7.28**のような関係をイメージしてもらうとよいかと思います。

図7.27 2要因のデザイン

		要因2 ポジション			合計
		内野	外野	捕手	
要因1 年齢	24歳以下				
	25~29歳				
	30~34歳				
	35歳以上				
	合計				

1つ要因が増えることで関係が立体的になりました。一つ一つの水準が積み木のような位置付けと考えてください。つまり、要因が1つ増えることに1次元増えると思ってもらえれば大丈夫です。

ところが、3要因まではよいのですが、4要因以上になると視覚的なイメージとして表現することが難しくなります。また、後述する理由と合わせて分析を解釈することが容易ではなくなります。したがって、分散分析ではいくらでも要因を追加してもかまわないのですが、現実的に3要因くらいが限界です。本書では2要因の分散分析の方法を紹介します。

交互作用

要因の数が増えても分散分析の基本的な計算に大きな違いはないのですが、2要因以上になると1点考慮しなくてはならないポイントがあります。それが交互作用です。

交互作用とは、組み合わせの効果や相乗効果といったもので、特定の条件と条件が重なることで、例で言えば打撃成績が良くなったり悪くなったりするようなことを言います。仮のデータで示せば図7.29のような関係です。

あくまで仮の関係を描いたものですが、特定の年齢とポジションによって成績が良くなったり悪くなったりする傾向が認められるのが交互作用のあるデータです。逆に交互作用のないデータとはどのようなものかというと、主効果のみ認められた場合と、主効果が認められなかった場合があります。こちらも仮のデータですが、主効果のみある場合のデータを図7.30〜32に、主効果の認められなかったデータを図7.33に示します。

交互作用の有無は分散分析の結果から数値で示されるものですが、この

図7.28 3要因のイメージ

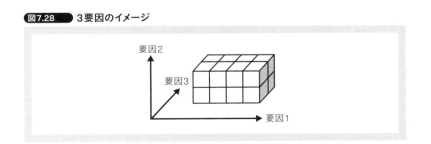

ように図の形としても交互作用の有無を判断できるようになっていると、データを見る直観を養うことができます。

2要因の分散分析のしくみと計算

2要因の分散分析では、一元配置(1要因)の分散分析ではできなかったよ

図7.29 交互作用の例

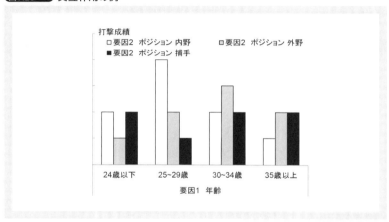

図7.30 交互作用のないデータの例(要因1の主効果あり)

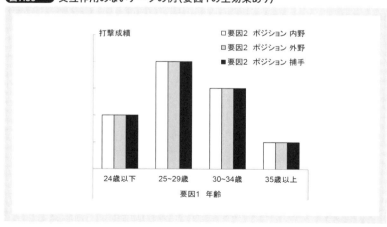

り複雑な関係を分析します。しかし、いきなり細かい水準間の差を比較することは計算のルール上できません。2要因の分散分析では、次のような順番で検定が進みます。

- 個々の要因の主効果の検定
- 交互作用の有無の検定
- 個々の水準の差の検定

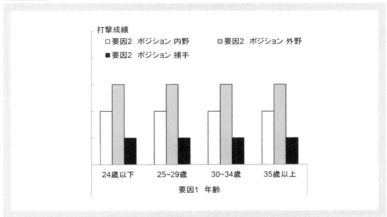

図7.31　交互作用のないデータの例（要因2の主効果あり）

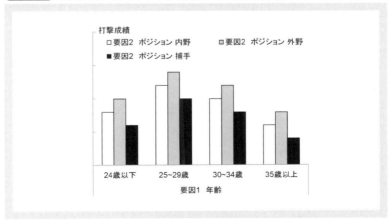

図7.32　交互作用のないデータの例（要因1・2の主効果あり）

図7.34に2要因の分散分析のポイントを再度示します。イメージとしてはa,b,cといった個々の水準の比較をしたいのですが、最初に計算するのは要因の主効果です。要因の主効果とは、年齢で言うとabc・def・ghi・jklといったポジションの成績を合計した年齢のみの差を比較します。ポジションでも同様の主効果(adgj・behk・cfil)を計算します。

次の交互作用の有無の検定とは、「すべての水準間の成績に差がない」という仮定(帰無仮説)を検証することです。この帰無仮説が棄却されると、どこかの水準間に差があるということなので個々の水準の差を検定しますが、これを単純主効果の検定と言います。ただし、この単純主効果の検定

図7.33 交互作用のないデータの例(主効果なし)

図7.34 2要因の分散分析の手順

		要因2 ポジション			合計
		内野	外野	捕手	
要因1 年齢	24歳以下	a	b	c	abc
	25~29歳	d	e	f	def
	30~34歳	g	h	i	ghi
	35歳以上	j	k	l	jkl
	合計	adgj	behk	cfil	

年齢の主効果

ポジションの主効果

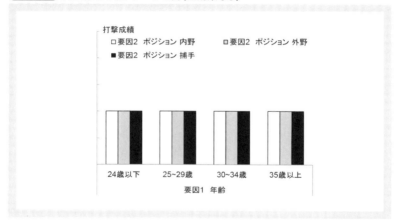

は複雑なので本書では取り扱いません。交互作用の有無まで検定し、その傾向をグラフ化し視覚的に確認するにとどめます。

ところで、例で示した2つの要因の組み合わせから4×3で12の条件ができています。仮にここから要因を増やした場合、さらに水準数が乗算されます。このように要因が増えると、条件が非常に多くなります。これによってまずサンプル数が足りないという問題が生じやすくなります。さらに、複雑な条件下で下がることを示しても、結果が理解しにくくなるという問題が出てきます。こういう事情があるために、先述のように、分散分析では最大でも3要因程度にとどめておくことを勧めます。

2要因の分散分析の実施

それでは、2要因の分散分析の計算方法について解説していきます。こちらも分析ツールを使って分析したいところなのですが、Excelで2要因の分散分析をやろうとすると各水準のサンプルの数が等しくないとできないという制限があります。これでは不便なので、最初から分散分析表を用いて計算していきます。

データは1要因で分析した際と同じものを使用します。年齢の要因に加えて、ポジションの要因も守備Noという列で数値化しています（1.内野、2.外野、3.捕手）。この2要因で打率を比較してみます。

● ……… 主効果の検定

分散分析表は、ダウンロードデータのシート「分散分析表2」にあるものを使用します。これをコピーして分析データの横の空きスペースにでも貼り付けてください。分散分析表2にある書式は**図7.35**のようなものになります。基本的には1要因で分析した際と同じですが、いくつか要素が増えています。

最初の作業は、1要因の分析と同じく、各水準の標本平均、標本数、標本分散の計算です。また、水準内変動も同じように計算します。水準内変動の全体は、各水準の値を合計してください。これらを**図7.36**に示すように計算します。

次に示すのは、要因ごとの標本平均、標本数、標本分散の計算です。**図**

7.37に示すように計算します。この分析用のデータですが、年齢順に上から並んでいます。したがって、年齢の要因について4つの水準の値を計算することは容易なのですが、ポジションの要因を計算するのはデータがとぎれとぎれに並んでいるので楽ではありません。その場合、関数を作成するときに Ctrl を押しながらデータ範囲を指定してください。飛び飛びのデータをまとめて指定することが可能です。

図7.35 「分散分析表2」シート(2要因)

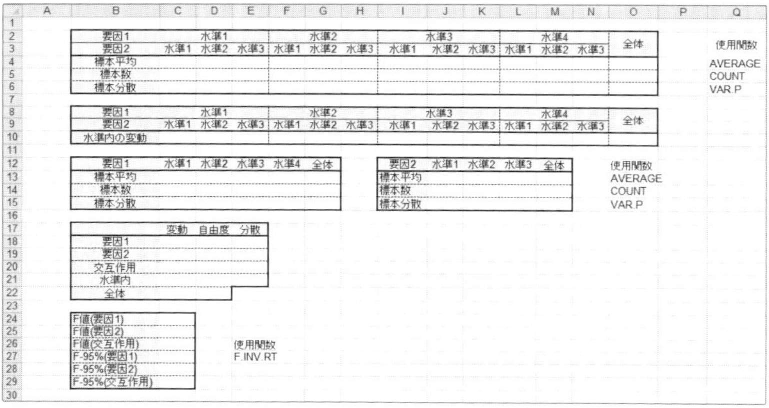

図7.36 分散分析(2要因)の計算:各水準での計算

要因1	水準1			水準2			水準3			水準4			全体
要因2	水準1	水準2	水準3	水準1	水準2	水準3	水準1	水準2	水準3	水準1	水準2	水準3	
標本平均	.239	.241	.240	.257	.265	.208	.253	.266	.213	.254	.278	.211	.251
標本数	7	12	8	30	25	9	34	26	5	18	4	6	184
標本分散	.002	.001	.002	.001	.002	.001	.001	.001	.000	.001	.000	.004	.001

要因1	水準1			水準2			水準3			水準4			全体
要因2	水準1	水準2	水準3	水準1	水準2	水準3	水準1	水準2	水準3	水準1	水準2	水準3	
水準内の変動	0.014	0.014	0.016	0.027	0.042	0.013	0.040	0.017	0.002	0.011	0.001	0.022	0.219

標本分散×標本数

図7.37 分散分析(2要因)の計算:各要因での計算

要因1	水準1	水準2	水準3	水準4	全体
標本平均	.240	.253	.255	.248	.251
標本数	27	64	65	28	184
標本分散	.002	.002	.001	.002	.001

要因2	水準1	水準2	水準3	全体
標本平均	.253	.262	.219	.251
標本数	89	67	28	184
標本分散	.001	.001	.002	.001

使用関数
AVERAGE
COUNT
VAR.P

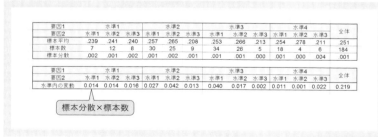

ここまで準備ができたら分散を求めていきます。まずは**図7.38**に示すように要因1（年齢）の水準間の変動を求めます。図7.38において矢印で示しているのは水準1の計算で使用した部分ですが、同じように水準2から水準4まで計算し合計してください。

次に、要因2（ポジション）の水準間の変動を求めます。基本的に要因1でのやり方と同じです。**図7.39**では水準1の計算で使用した部分を指していますが、同じように水準2と水準3も計算し合計してください。

次に、水準内の変動と全体の変動を求めます。これは**図7.40**で示したデータを指定してください。

● ········ **交互作用の検定**

最後に交互作用の変動を求めます。これは、全体の変動から要因1と要因2と水準内の変動を減算した値から求められます。**図7.41**に示すように計算してください。

図7.38 分散分析（2要因）の計算：水準間の変動の計算（要因1）

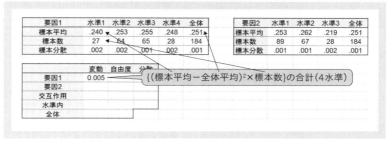

図7.39 分散分析（2要因）の計算：水準間の変動の計算（要因2）

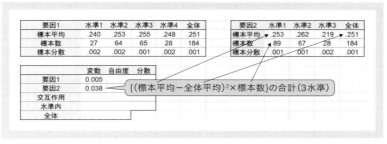

次に自由度を計算します。図7.42のように、要因1と要因2では「水準数－1」が自由度に、交互作用は「要因1の自由度×要因2の自由度」が、全体は「全データ数－1」が自由度になります。水準内の自由度は、図7.43のように全体の自由度から要因1と要因2と交互作用の自由度を減算した値になります。

変動と自由度が計算できれば、分散も図7.44に示すように変動÷自由度で計算できます。

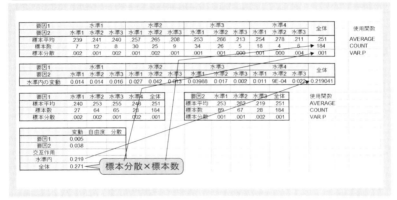

図7.40 分散分析（2要因）の計算：水準内の変動と全体の変動の計算

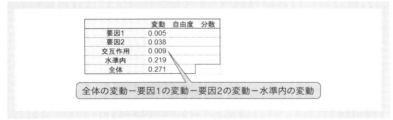

図7.41 分散分析（2要因）の計算：交互作用の変動の計算

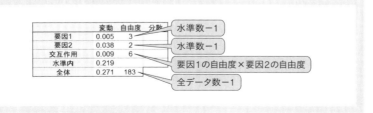

図7.42 分散分析（2要因）の計算：自由度の計算

あとはこの分散の値を用いて**図7.45**に示すようにFの値を計算します。

● ……… **個々の水準の差の検定**

このFの値と**図7.46**で計算される確率95%の値を比較して、Fの値のほうが大きければ有意であると判断します。

図7.43 分散分析（2要因）の計算：水準内の自由度の計算

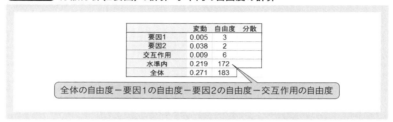

図7.44 分散分析（2要因）の計算：分散の計算

図7.45 分散分析（2要因）の計算：F値の計算

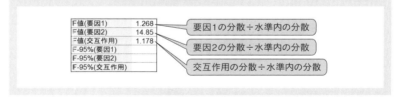

図7.46 分散分析（2要因）の計算：確率95%の値の計算

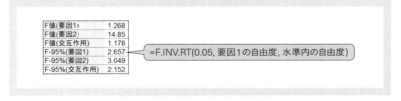

図7.46を見ると、要因1(年齢)は確率95％の値のほうが大きく有意ではありません。したがって、年齢の主効果は認められなかったと言えます。一方、要因2(ポジション)とはFの値が確率95％の値よりも大きく有意で、ポジションの主効果が認められたと言えます。交互作用は確率95％の値より小さいので、交互作用は認められなかったと言えます。

今回の分析結果では、交互作用が認められませんでした。そのため、主効果の認められたポジションの違いによる打率の差しか論じることはできません。実際のデータで年齢とポジションの打率を示したものが**図7.47**ですが、一見すると棒の高さがまちまちで差があるように見えます。しかし、統計的に差があると認められたのは、ポジションの違いだけです。このグラフで示した棒の1本1本の差について議論するためには交互作用が認められる必要があります。

結果の表記

結果の表記については1要因の分散分析と同じですが、要因1と要因2と交互作用では自由度が異なるので書き分ける必要があります。例で示した結果は、分散分析の結果、年齢の主効果は認められなかった($F(3,172) = 1.27$, n.s.)。ポジションの主効果は認められ($F(2,172) = 14.85, p < .05$)、交互作用は認められなかった($F(6,172) = 1.18$, n.s)、と表記することになります。

図7.47 2015年の年齢とポジション別に見た打率

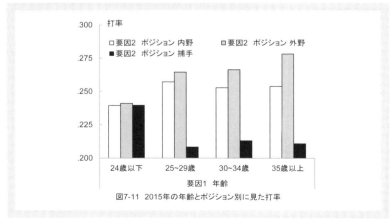

図7-11 2015年の年齢とポジション別に見た打率

7.3 まとめ

　以上、分散分析の紹介をしてきました。正直なところ、Excelとは少し相性が悪いために初学者にとっては少し難易度の高い分析方法ではないかと思います。また、多重比較や単純主効果の検定がツールとして用意されていないというのも、少し不便です。

　野球のデータを扱う中で、分散分析を多用するようなことはそれほどないかと思うので、本章で紹介する内容で十分なところはありますが、もし、分散分析をもっと積極的にやりたい、もしくはやらざるを得ないような場合には、次のような方法があります。

- ⓐ 専用の統計ソフトを使う
- ⓑ Excelで分析可能なアドインを入手する
- ⓒ 専門書で勉強して自分で分析表を作る
- ⓓ ほかの分析で代用する

　ⓐの専用の統計ソフトを用いることは一番手っ取り早いのではと思いますが、統計ソフトは安いものではないので、よくお財布と相談する必要があります。ⓑのアドインの入手ですが、最近は書籍を購入したりすると付属のCDやDVDから分析用のアドインを入手することもできますので、統計ソフトを丸々買うよりは安いかもしれません。結局ⓒの自分で勉強して分析表を作り上げるのが一番安くて身になるのですが、多重比較だけで専門書が1本あったりするような世界なので、根気よく取り組む必要があります。ⓓは、次章で紹介する回帰分析を用いることで、分散分析でできることを代用できます。

　いろいろと方法はありますが、自分に合った方法を探してみてください。

Column

 常識や先入観にとらわれないために

「常識や先入観にとらわれることは良くない」と言われて、賛同しない人は少ないと思います。しかし、人は常識や先入観があるからこそ日常生活ができるわけで、簡単に捨て去ることができるものでもありません。また、常識や先入観から逸脱することだけを目的に、突飛なだけで特に意味のないことをする人も世の中には少なくありません。

人間とはかくも不自由な生き物ではありますが、常識にとらわれないアイデアを導く方法がないわけではないので紹介します。と言っても、それは仮説をきちんと立てて検証するというだけのことです。この仮説の内容は常識からはずれた奇抜なものである必要はなく、極めて常識的なアイデアでかまいません。たとえば、野球チームの勝率に対する次のような仮説を立てたとします。

仮説：勝率を高めるには得点力を高めることが重要である

これ自体は当たり前すぎる仮説と言えます。ポイントとしてはここからで、仮説に対する対立仮説を設定します。対立仮説は、仮説が支持されなかった場合に採用される仮説なので、仮説とは逆の内容になります。たとえば次のようなものです。

対立仮説：勝率を高めるには得点力を高めることが重要ではない

あとはこの仮説を検証するだけです。今回の仮説の場合は、当然仮説のほうが正しいことが証明されますが、時として仮説が正しくなく、対立仮説のほうが正しいという結果になる場合があります。それが、常識や先入観にとらわれない発見の生まれる瞬間です。

この方法の良いところは、最初から特別な仮説を立てる必要はないということです。ある日電流が流れるようにすごい仮説を思い付く人も世の中にはいますが、それが明日自分に起こる可能性は高くはありません。地味なようですが、仮説をきちんと立て一つ一つ検証していくことが、結局はいつか驚くような発見へとつながるかもしれないということです。

第8章

回帰分析

あるデータから別のデータを予測する

本章では回帰分析を解説していきます。第3章では散布図を用いてデータ間の関係を視覚的に表現しました。第5章では相関係数を求めることでデータ間の関係を数値として表現しました。回帰分析はデータ間の関係を数式で表現します。さらに、散布図や相関係数よりも複雑な関係を分析することも可能です。これもぜひ身に付けてほしいスキルです。

8.1 回帰分析とは

　本章では、回帰分析という方法を解説していきます。回帰分析とは、あるデータから別の値を予測するという統計解析の一種です。

　回帰分析を一番シンプルな形で表すと**図8.1**のような形になります。xの値からyの値を予測する式を立てるのが回帰分析です。しかし、小学校の算数で出てきた「A君は時速4kmで歩いています。2時間後にはどれくらいの距離歩いているでしょうか？」という単純な問題は世の中にそれほどありません。

　たとえば**図8.2**は、プロ野球におけるシーズンの平均得点と勝率の関係を表しています。このように、データを集めて散布図に示せば一直線上に並ぶというようなことはまずなく、ばらつきのある形になります。しかし、ばらつきがあるといっても一定の法則性はあるので、それを数式という形で表すのが回帰分析となります。

図8.1 回帰分析のイメージ

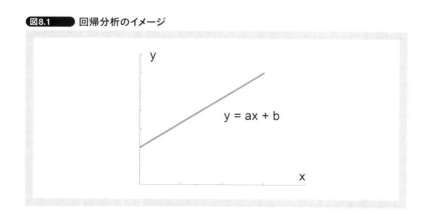

8.1 回帰分析とは

予知ではなく予測

回帰分析の説明をしていく前に確認しておきたいことですが、第1章でも触れたように、目的は予知ではなく予測ということです。ここで言う予知とは、予想を100％正確に的中させることとします。残念ながら予知は今のところ不可能で、予測にはいくらかはズレがあります。回帰分析の目的は、このズレの小さい予測をすることと考えてください。

回帰分析のポイント

回帰分析の説明をしていくに当たり、まずはポイントとなる用語を解説していきます。

● ……… **説明変数と目的変数**

$y=ax+b$ と表現される回帰分析の予測式において、**図8.3**に示すようにxを説明変数、yを目的変数と言います。

説明変数xによって目的変数yが説明されるとイメージしてもらえればと思います。回帰分析を説明する場合、図8.2の例で言えば、説明変数は平均得点で、目的変数は勝率という形で説明されるので、混同しないよう気を付けてください。

図8.2 実際のデータ

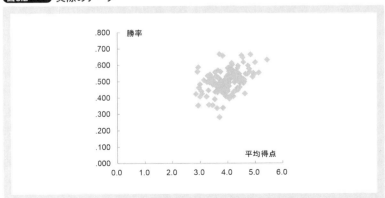

Column

 予測的中の落とし穴

「私たちができるのは予測であって予知ではない」ということは本文でも触れました。ピンポイントで的中させる予知は不可能ですが、誤差の少ない予測をすることが統計学の目的です。なぜこんなことを強調したかと言うと、ピッタリ的中しなかったけれど、この予測はどれくらい優れたものなのかを評価しなくてはならないことが多いからです。

逆に、予測がピッタリ当たったような場合にも落とし穴があります。サッカーの話になりますが、2010年の南アフリカワールドカップのとき、当時の日本代表の試合前の予想は芳しくはなく、予選リーグ敗退が予想されていました。しかし、結果は予選を突破し、良い意味で予想を裏切る結果となりました。このような結果を予想していた人はほとんどいなかったのですが、ただ1人の女性タレントが予選リーグ3戦の得失点の結果まで的中させ、世間を驚かせました。

それでは、この女性タレントはなみいる評論家や解説者よりもよほどサッカーのことを理解していたのかというと、そうではない可能性のほうが高いと言えます。予測はたまたま的中する可能性があるからです。当時は多くの芸能人が結果を予想しており、その中でたまたま的中したのが彼女だったと考えるのが妥当です。

しかし、サッカーとは縁もゆかりもないタレントだったからこそ偶然だろうと冷静に考えることができますが、この予想をしたのがサッカー解説者だったとしたら、すごい眼力だと評価されていたかもしれません。

予測の的中が偶然起こったか、それともきちんとした根拠を持った予測だったから的中したのかを判別するには、その予測方法、もしくは予測者の予測を継続的に追いかける必要があります。1回だけなら偶然的中する可能性がありますが、複数回偶然的中させるのは難しいからです。

予測が的中したというインパクトは大きく、一度の結果だけでそれを評価してしまいがちですが、まずは落ち着いて継続的に予測を評価するほうが望ましいでしょう。

回帰分析で扱うデータは、目的変数は量的データに限られます。説明変数は、質的データ・量的データのどちらでも可能ですが、質的データの場合は少し特殊な分析になりますので、まずは量的変数の分析方法から解説します。

● ……… **予測式の計算——最小二乗法**

実は、散布図を描いてしまえば回帰分析は簡単な手順でできます。例として図8.2を使ってみます。まず、散布図中の◆を右クリックします。すると**図8.4**に示すようなメニューが出ますので、「近似曲線の追加」を選択してください。

すると、**図8.5**に示すように図中に直線が引かれます。これが回帰分析によって求められた、説明変数が平均得点、目的変数が勝率の予測式から引かれた直線です。これを回帰直線と言います。

この回帰直線を右クリックすると、**図8.6**のようなメニューが提示されます。ここで「近似曲線の書式設定」をクリックすると**図8.7**に示すウィン

図8.3 説明変数と目的変数

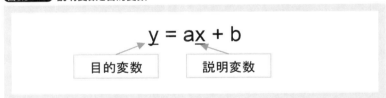

図8.4 散布図からの回帰分析：近似曲線の追加

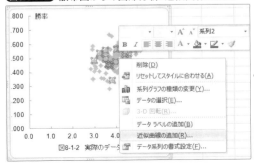

図8.5　散布図からの回帰分析：回帰直線の表示

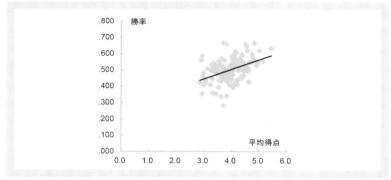

図8.6　散布図からの回帰分析：回帰直線の編集

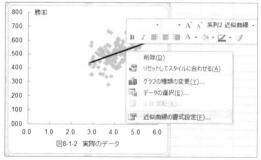

図8.7　散布図からの回帰分析：予測式の追加

ドウが出てきますので、「グラフに数式を表示する」をチェックします。すると、**図8.8**に示すように予測式の値が表示されます。

図8.8に示した予測式も直線も、なんとなく雰囲気で表示しているわけではありません。**図8.9**に示すように、一つ一つのサンプルと予測式とのズレが最小になるように計算されています。この計算方法を最小二乗法と言います。

このように、散布図さえ書いてしまえば回帰分析の結果である予測式を容易に求めることができます。あわせて回帰直線も作成できますが、これ

図8.8 散布図からの回帰分析：予測式の表示

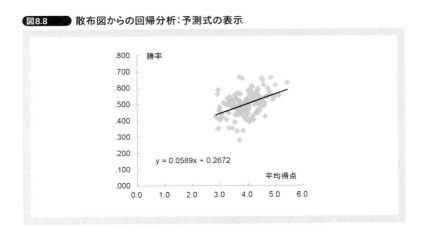

図8.9 散布図からの回帰分析：予測式とのズレ

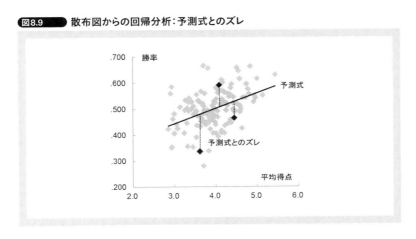

は散布図で視覚的なイメージとして確認できるデータ間の関係（この例では平均得点が高いほど勝率も高いという関係）を、より鮮明な1本の直線の形として確認できます。

● ……… 決定係数

仮にすべてのデータが一直線上に並んでいれば、予測式と実際の値のズレは0になります。しかし、普通にデータを集めてそのようになることはまずありません。ただ、データによっては予測値とのズレが大きい場合もあれば小さい場合もあります。予測値とのズレが小さい場合は、「予測式の当てはまりが良い」と言われます。これを数値で評価したものが決定係数（R^2：R二乗値）と呼ばれる値です。決定係数の求め方はこのあとあらためて解説します。

回帰分析の実施

回帰分析の結果が必要なだけなら、上記のようにグラフを右クリックして2つほどの手順で終了です。非常に簡単な操作でできて便利なので、お急ぎの方はこれで良いのではないかと思います。しかし、このような予測式がいったいどうやって求められたのかがこれではわかりませんし、本章の後半で紹介する、説明変数が複数となった重回帰分析には使えません。そこで、散布図を使わずに回帰分析を行う方法を解説していきます。

● ……… 分析ツールを使った回帰分析

まずは、分析ツールを使った計算方法を解説します。練習用のデータとして**図8.10**に示すデータを用いて、平均得点から勝率の値を予測する式を計算します。使用するデータはダウンロードデータの「回帰分析1」というシートにあります。

データの準備ができたら、**図8.11**に示すように分析ツールから「回帰分析1」を選択します。

すると、**図8.12**のようなウィンドウが開きますので、説明変数と目的変数を指定します。

「入力Y範囲」が目的変数（この例では勝率）、「入力X範囲」が説明変数（こ

の例では平均得点)になります。変数の選択ができたら「OK」をクリックして完了です。結果が出力されます。

出力された結果が**図8.13**になります。この図中の枠で囲んだ部分が必要な情報で、係数はy=ax+bの「X値1」がaの値に、「切片」がbの値になりま

図8.10 使用データ

図8.11 分析ツールの選択

図8.12 変数の選択

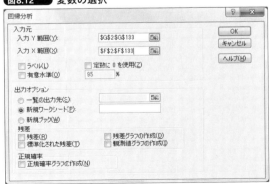

す。「重決定 R2」というのが決定係数の値です。

この結果より、平均得点を説明変数、勝率を目的変数とした予測式は、

勝率＝ 0.059 ×平均得点＋ 0.267

という形で表されます。決定係数は 0.185 となっています。決定係数から当てはまりの良さを解釈する統計的な根拠は相関係数と同じようにないのですが、一般的には**表8.1**の値を基準に判断します。

決定係数 0.185 は、予測式としては当てはまりが悪いことを示します。平均得点だけでは、勝率を予測するには不十分であるという結果と言えます。

● ········ 回帰分析の計算

次は、分析ツールを使わず Excel の機能で、最小二乗法による回帰分析

図8.13 結果の出力

概要

回帰統計	
重相関 R	0.430
重決定 R2	0.185
補正 R2	0.179
標準誤差	0.066
観測数	132

分散分析表

	自由度	変動	分散	観測された分散比	有意 F
回帰	1	0.127	0.127	29.525	0.000
残差	130	0.558	0.004		
合計	131	0.685			

	係数	標準誤差	t	P-値	下限 95%	上限 95%	下限 95.0%	上限 95.0%
切片	0.267	0.043	6.178	0.000	0.182	0.353	0.182	0.353
X 値 1	0.059	0.011	5.434	0.000	0.037	0.080	0.037	0.080

表8.1 決定係数の解釈の目安

決定係数	当てはまりの良さ
$R^2 < 0.25$	悪い
$0.25 \leq R^2 < 0.50$	やや良い
$0.50 \leq R^2 < 0.80$	良い
$0.80 \leq R^2$	非常に良い

の計算方法を紹介します。分散分析とは異なり回帰分析は分析ツールを使うことができるので、これから紹介する方法を実際に使って分析する必要はそれほどありませんが、回帰分析の計算過程を体験したほうが、先ほど紹介した分析ツールを用いた分析の理解もより進むと思います。

まず、計算に必要な値を**図8.14**に示します。使用するデータは図8.10と同じですが、新たに作成する変数を用意しています。

ここで示している$\bar{x}$と$\bar{y}$は、それぞれxとyの平均値という意味です。各データをそれぞれの平均値($\bar{x}$, $\bar{y}$)で引いた値(偏差：x-$\bar{x}$、y-$\bar{y}$)と、その二乗値(($x-\bar{x})^2$、$(y-\bar{y})^2$)と、xとyの偏差の積(($x-\bar{x})(y-\bar{y})$)を計算します。1人分計算すれば、あとはオートフィルで作成できます。

これらのデータを計算したら、**表8.2**に示す値を計算します。これらは、指定の変数の全データを合計すれば計算できます。

これで必要な情報がそろいました。y(勝率)=ax(平均得点)+bという予測式において、aの値は次の1つ目の数式で、bの値はaの値を計算後2つ目の数式で計算できます。

$$a = \frac{S_{xy}}{S_x}$$

$$b = \bar{y} - a\bar{x}$$

図8.14 回帰分析の計算

	A	B	C	D	E	F	G	H	I	J	K	L	M	N
1	No	チーム	Year	試合	得点	平均得点(x)	勝率(y)	x-$\bar{x}$	y-$\bar{y}$	(x-$\bar{x}$)²	(y-$\bar{y}$)²	(x-$\bar{x}$)(y-$\bar{y}$)	予測値	残差
2	1	阪神	2005	146	731	5.0	.617							
3	2	中日	2005	146	680	4.7	.545							
4	3	横浜	2005	146	621	4.3	.496							
5	4	ヤクルト	2005	146	591	4.0	.493							
6	5	巨人	2005	146	617	4.2	.437							
7	6	広島	2005	146	615	4.2	.408							
8	7	ロッテ	2005	136	740	5.4	.632							
9	8	ソフトバンク	2005	136	658	4.8	.664							
10	9	西武	2005	136	604	4.4	.493							

表8.2 各種合計値の計算

値	計算方法
S_x	(x-$\bar{x}$)²の合計(平方和)
S_y	(y-$\bar{y}$)²の合計(平方和)
S_{xy}	(x-$\bar{x}$)(y-$\bar{y}$)の合計(積和)

これで予測式は求められますが、決定係数を求めるには**図8.15**に示す予測値と残差というデータが必要になります。

予測値とは、平均得点と勝率の予測式「勝率 = 0.059 × 平均得点 + 0.267」と、図8.15の一番上の例である2005年の阪神の得点平均5.0を例に説明すると、この5.0という平均得点を予測式に代入して計算された勝率の値です。

一方残差とは、次の数式に示すような、実際のy（勝率）の値とこの予測値との差のことです。

$$残差 = yの実測値 - yの予測値$$

そして決定係数の計算に必要になるのは、次の数式に示す残差の平方和です。

$$残差平方和(S_e) = 残差^2の合計$$

予測式を計算したときのように、残差の二乗値を計算し表示するための列を作ってもよいのですが、SUMSQ関数で計算ができますのでそのほうが楽かと思います。この残差の平方和(S_e)を求めたら、次に示す数式によって決定係数を計算します。

$$R^2 = 1 - \frac{S_e}{S_y}$$

以上が、回帰分析の計算になります。

図8.15　決定係数の計算

8.2 重回帰分析

回帰分析の説明変数は1つでした。このため説明変数が1つの回帰分析を単回帰分析と呼ぶ場合もあります。これに対して、説明変数が複数の場合は重回帰分析と言います。

$$y = a_1x_1 + a_2x_2 + a_3x_3 + \cdots + a_nx_n + b$$

このような形が重回帰分析となります。原則として説明変数はいくつあってもかまいません。

重回帰分析のポイント

重回帰分析は基本的には説明変数が増えただけなので、やることは単回帰分析と同じです。ただし、いくつか考慮するポイントが増えますので、その解説をしていきます。

● **分析の前に**

重回帰分析の結果に直接は関係ありませんが、あとあとの確認のために、まずは変数間の相関分析を行い相関行列を出しておいてください。説明変数と目的変数のすべての組み合わせです。詳しくは後述しますが、ここで説明変数間に高い相関があった場合は注意が必要です。

● **偏回帰係数と標準回帰係数**

重回帰分析では、説明変数ごとに回帰係数が計算されます。これを偏回帰係数と言います。偏回帰係数は、ほかの説明変数の影響を固定、つまり影響がないと仮定したときの目的変数への影響を示したものです。

重回帰分析の予測式をただ作成したいのであれば偏回帰係数だけで問題

ないのですが、目的変数に対してどの説明変数が最も影響が大きいのかを検証したい場合、少し問題が生じます。それは、説明変数間の平均と分散が異なるために、単純に偏回帰係数の大きさを比較するだけでは目的変数への影響の強さを比べることができないことです。第5章で解説した共分散と同じ問題で、これを解決するには回帰係数を標準化する必要があります。この回帰係数はその名のとおり標準回帰係数と呼ばれ、説明変数間の影響を比較するにはこの値を見る必要があります。

標準化回帰係数は、説明変数と目的変数をあらかじめ標準化してから回帰分析を行うことで求めることも可能ですが、それよりも簡単な方法があるので、分析方法と一緒に紹介します。

● ……… **分析ツールを使った重回帰分析**

分析ツールの使用方法は、基本的に単回帰分析のときと変わりません。今回は図8.16に示す、ダウンロードデータの「重回帰分析1」のシートを使用して、得点を目的変数、フォアボールと三振を説明変数とした重回帰分析を行います。

といっても、分析ツールから目的変数(入力Y範囲)の指定までは単回帰分析と同じです。異なるのは、説明変数(入力X範囲)の指定です。図8.17に示すように、フォアボールと三振の2列分を指定します。説明変数が3つ以上の場合はさらに選択する列が増えます。操作としては以上で、結果が出力されます。

図8.16 使用データ

	A	B	C	D	E
1	Year	チーム	得点 (y)	フォアボール (x_1)	三振 (x_2)
2	2005	阪神	5.0	3.6	7.4
3	2005	中日	4.7	3.6	7.2
4	2005	横浜	4.3	2.9	7.1
5	2005	ヤクルト	4.0	2.1	7.0
6	2005	巨人	4.2	2.8	7.0
7	2005	広島	4.2	2.4	6.7
8	2005	ロッテ	5.4	3.2	6.6
9	2005	ソフトバンク	4.8	2.6	6.0
10	2005	西武	4.4	3.2	6.8
11	2005	オリックス	3.9	2.8	6.1

出力された結果は**図8.18**のようになります。基本的な見方は単回帰分析と同じで、説明変数が増えています(X値1、X値2)。

この結果より、フォアボールと三振を説明変数、得点を目的変数とした予測式は、

得点＝0.48×フォアボール＋0.16×三振＋1.47

という形で表されます。フォアボールと三振ともにP-値も0.05より小さいので有意な説明変数であるということが確認できます。また、フォアボールも三振も係数は正の値です。これは、フォアボールも三振も多いほどチー

図8.17　変数の選択

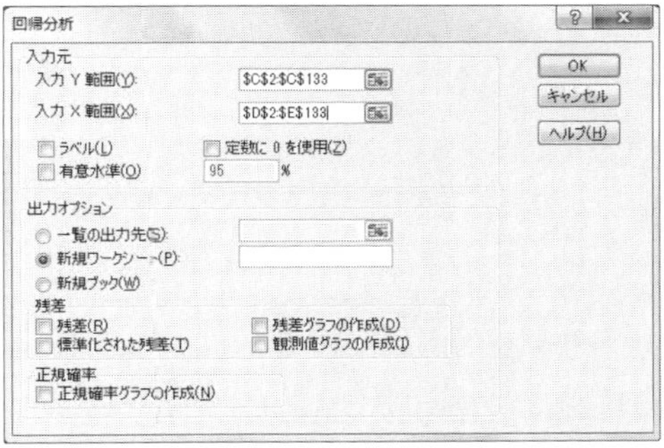

図8.18　結果の出力

概要

回帰統計	
重相関 R	0.419
重決定 R2	0.175
補正 R2	0.163
標準誤差	0.484
観測数	132

分散分析表

	自由度	変動	分散	観測された分散比	有意 F
回帰	2	6.42	3.21	13.73	0.000
残差	129	30.16	0.23		
合計	131	36.58			

	係数	標準誤差	t	P-値	下限 95%	上限 95%	下限 95.0%	上限 95.0%
切片	1.47	0.56	2.62	0.010	0.36	2.58	0.36	2.58
X 値 1	0.48	0.11	4.35	0.000	0.26	0.70	0.26	0.70
X 値 2	0.16	0.08	2.13	0.035	0.01	0.32	0.01	0.32

ムの得点は高くなるということになります。三振は打撃にとってはマイナスなので、三振が多いほど得点が高いことに違和感を持つ人もいるかもしれませんが、これは得点能力の高い打者は同時に三振も多いためにこのような関係になっていると考えられます。

こうした結果が示すように、回帰分析では、目的変数に対して説明変数が直接の因果関係にない場合もありますので、結果を解釈する際には注意が必要です。

● ········ 重回帰分析の計算

単回帰分析のときと同じく、この計算過程を紹介します。**図8.19**に計算に必要なデータを示します。説明変数が増えたので計算に必要なデータも増えていますが、やることは同じです。これらのデータを計算したら、**表8.3**に示す平方和と積和を計算します。

これらの値を用いて偏回帰係数を計算するのですが、重回帰分析では次の数式に示す連立方程式を解くことで求めることができます(ここで示した

図8.19 重回帰分析の計算

表8.3 各種合計値の計算

値	計算方法
S_{x1}	$(x_1-\bar{x}_1)^2$ の合計(平方和)
S_{x2}	$(x_2-\bar{x}_2)^2$ の合計(平方和)
S_y	$(y-\bar{y})^2$ の合計(平方和)
S_{x1y}	$(x_1-\bar{x}_1)(y-\bar{y})$ の合計(積和)
S_{x2y}	$(x_2-\bar{x}_2)(y-\bar{y})$ の合計(積和)
S_{x1x2}	$(x_1-\bar{x}_1)(x_2-\bar{x}_2)$ の合計(積和)

のは説明変数が2つの場合)。

$$\cdot S_{x1} \quad \times a_1 + S_{x1x2} \times a_2 = S_{x1y}$$
$$\cdot S_{x1x2} \times a_1 + S_{x2} \quad \times a_2 = S_{x2y}$$

久しぶりに連立方程式を解くのも悪くはないですが、計算ミスもあるのでExcelのソルバーを使って計算するのが良いと思います。ソルバーは、連立方程式を満たす解のパターンを反復試行することで求めます。ソルバーで計算しやすいように、上記の数式を次の数式に変形します。

$$\cdot a_1 = \frac{S_{x1y}}{S_{x1}} - \frac{S_{x1x2}}{S_{x1}} \times a_2$$
$$\cdot a_1 = \frac{S_{x2y}}{S_{x1x2}} - \frac{S_{x2}}{S_{x1x2}} \times a_2$$

図8.20は表8.3の値を計算したものです。まずa_2のセル(U7)に0を入力します。次に、a_1のセル(U6)には、変形した数式の上側の式を記入します(W2/T2-Y2/T2*U7)。式中のa_2の値にはセル(U7)を指定します。

この状態で、「データ」→「分析」からソルバーを選択すると**図8.21**のウィンドウが開くので、「目的セルの設定」にa_1のセル(U6)を、「変数セルの変更」にa_2のセル(U7)を指定します。この状態で、制約条件の対象の「追加」をクリックします。

すると、**図8.22**に示す制約条件の追加というウィンドウが開くので、「セ

図8.20 偏回帰係数の計算

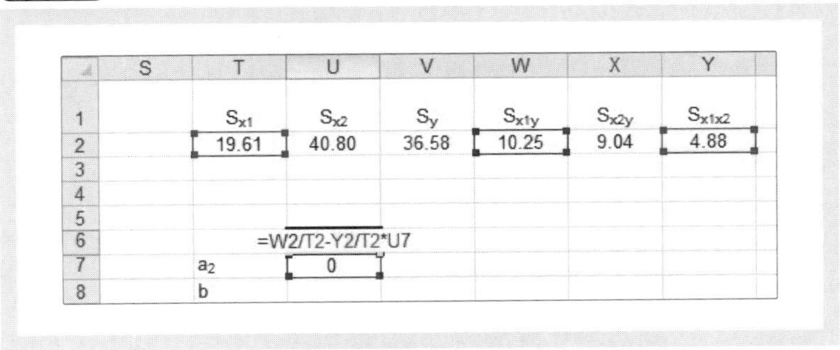

	S	T	U	V	W	X	Y
1		S_{x1}	S_{x2}	S_y	S_{x1y}	S_{x2y}	S_{x1x2}
2		19.61	40.80	36.58	10.25	9.04	4.88
3							
4							
5							
6			=W2/T2-Y2/T2*U7				
7		a_2	0				
8		b					

ル参照」にa_1のセル（U6）を指定し、真中は等号（=）にします。そして、「制約条件」には変形した数式の下側の式を記入します（$X$2/$Y$2-$U$2/$Y$2）。以上の手続きができたら「OK」をクリックしてください。

元のウィンドウに戻ると、**図8.23**に示すように、変形した数式の下側の式が追加されていることを確認できます。作業は以上で、「解決」をクリックすると計算が始まります。

計算がうまくいけば**図8.24**のようなウィンドウが表示され、a_1のセル（U6）とa_2のセル（U7）にそれぞれ解となる値が表示されています。

この値が決まれば、bの値は次の数式で計算できます。

$$b = \overline{y} - a_1\overline{x}_1 - a_2\overline{x}_2$$

以上で、重回帰分析の予測式を計算できました。この予測式から残差を

図8.21 ソルバーの起動

図8.22 制御条件の追加

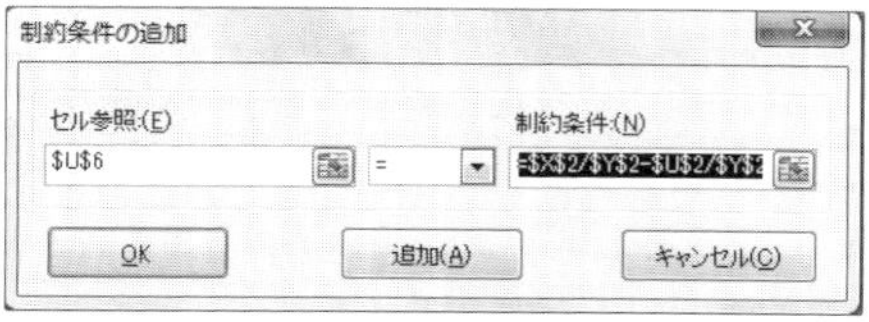

計算し、決定係数を計算する過程は単回帰分析と同じですのでここでは省略します。

標準回帰係数は、データを標準化した状態で重回帰分析を行うと求めることができますが、わざわざそのような処理をしなくても次の数式で計算できます。

$$標準化回帰係数 = (偏)回帰係数\sqrt{\frac{S_i}{S_y}}$$

S_iとは、表8.3のX_1やX_2の説明変数のいずれかという意味になります。

図8.23 ソルバーのパラメーター

図8.24 結果の出力

● ········ **説明変数の有意性の検定**

　目的変数に対する説明変数の影響を比較する方法として、標準化回帰係数を比較する以外にも、それぞれの説明変数が有意であるかどうかを比較するという方法もあります。有意でないと判定された説明変数は、標準化回帰係数の大きさにかかわらず、目的変数に影響するとは言えないからです。この判定は、図8.18で出力された結果の「P-値」の欄で見ることができます。P-値の値が有意水準である0.05よりも小さい場合、有意な説明変数と判定されます。この判定の計算は、まず次の数式を用いてtの値を計算します。

$$t = \frac{偏回帰係数}{標準誤差}$$

　図8.18で出力されている係数(ここでは偏回帰係数)を隣の欄の標準誤差で除算した値です。この計算式によって求められたtの値が、自由度n-2のt分布の有意水準である95%の値と比較して大きい場合に有意であると判定されます。ExcelではこれをTDIST関数で計算できます。「=TDIST(t, 自由度, 2)」にtの値と自由度を入力すると確率値が計算可能です。この関数における「2」の部分は、両側検定を指定したものです。

重回帰分析の目的と予測式

　ここまでの重回帰分析は、目的変数に対し複数の説明変数との関係を分析するものでした。このような場合、目的変数に対し、重要な(関連の強い)説明変数がどれなのかということが分析結果からわかります。こうした複数のデータ間の関係性の理解に重回帰分析は適していますが、最適な予測式を作りたい場合には少し事情が変わってきます。

　たとえば、野球において勝率と関わる重要な指標は何なのだろうか、という観点から分析を行うには、多くの指標を説明変数に投入した重回帰分析を行うのが適しています。一方、現有戦力からどれくらいの勝率が期待できるのか、といったように、データ間の関係性ではなく勝率の予測値が欲しい場合には、説明変数を取捨選択する必要があります。目的変数との関連のない説明変数を含んだ場合、予測式の精度が低下するからです。

簡単な説明変数の取捨選択の方法としては、一度すべてのデータを説明変数とした重回帰分析を行い、その結果有意ではない説明変数を除き、再度重回帰分析を行うという方法です。これに加え、次のようなさまざまな取捨選択の方法があります。

- 強制投入法
- 変数増加法
- 変数減少法

　強制投入法は、ここまでに紹介してきたすべての説明変数を使って分析する方法です。変数を増やす、または減らすかどうかの判断をする過程を含まない方法とも言えます。これに対して、変数増加法と変数減少法は、分析に説明変数を増やしたり減らしたりするかどうかを判断する過程が加わり、最適な予測式を探す方法になります。ほかにもさまざまな方法があり、ソフトによっては分析の際に選択することも可能です。残念ながらExcelでは変数選択の方法を選ぶことができませんので、本書では名前を紹介するにとどめておきます。

●……… **多重共線性の問題**

　分析の前に、あらかじめ変数間の相関係数を計算したほうがよいこと、説明変数間の相関が高い場合には注意が必要であることを指摘しました。仮に、相関が高い説明変数を投入した場合、目的変数との正負の関係が逆転したり、わずかな説明変数の値の変化で目的変数が大きく変動してしまうような予測式となる場合があります。このような予測式は信用できるものではなく、分析としては失敗と言えます。このような状態を「多重共線性の問題が生じている」と言います。

　では、どのくらいの相関の高さから問題が生じるかというと、明確な基準はないのですが、一つの見分け方としてあらかじめ求めた目的変数と説明変数の相関係数と、偏回帰係数の正負の関係が逆転している場合は多重共線性の問題が生じていると判断できます。

　たとえば、得点とフォアボールの相関係数はプラスの値だったのに、フォアボールと三振を説明変数、得点を目的変数とした重回帰分析を行った結果、フォアボールの係数がマイナスになったような場合です。

また、VIF (*Variance Inflation Factor*) という値を計算する方法があります。これは説明変数間の相関係数(r)の値を用いて、次の数式によって計算できます。

$$VIF = \frac{1}{1-r^2}$$

一般には、VIFが10.0を超えると多重共線性の問題が生じていると判断されます。たとえば、例として挙げているフォアボールと三振のVIFは1.03となります。これは多重共線性の問題を気にする必要のない値と言えます。

● ……… 交互作用

重回帰分析でも、分散分析と同じように説明変数間の交互作用を検証できます。その場合、次の数式のような予測式になります。

$$y = a_1x_1 + a_2x_2 + a_3(x_1 \times x_2) + b$$

ただ、この計算はその後の処理も含め難解になるので、本書ではここまでの紹介にとどめます。

8.3 説明変数が質的データの場合の回帰分析、重回帰分析

　ここまでの回帰分析、重回帰分析は、説明変数が量的データである場合を扱ってきました。最後に説明変数が質的データである場合の回帰分析、重回帰分析の方法を解説します。質的データで分析できると言っても、そのまま説明変数に投入できるわけではありません。少しクセのある処理をすることで分析可能になりますので、そのあたりを解説していきます。

質的データが2つの場合

　例として、ダウンロードできるデータの「回帰分析2」というシートのデータを使います。図8.25に示すデータは、2015年のセ・リーグの各試合の観客動員数です。この観客動員数が平日(火～金曜)[注1]と週末(土～日曜)という2つの区分によって観客動員数の予測式を立てるのが、質的変数による回帰分析です。

　先述したように、質的データをそのまま説明変数として使用することは

注1　月曜日は移動日なので基本的には試合はありません。

図8.25　使用データ

	A	B	C	D	E	F	G
1	No	Team	年	月	日	曜日	観客
2	1	S	2015	3	27	金	31332
3	2	S	2015	3	28	土	31043
4	3	S	2015	3	29	日	31540
5	4	S	2015	3	31	火	26280
6	5	S	2015	4	1	水	18945
7	6	S	2015	4	2	木	22138
8	7	S	2015	4	3	金	16583
9	8	S	2015	4	4	土	27224
10	9	S	2015	4	5	日	22240
11	10	S	2015	4	7	火	10160

できません。ではどうするかと言うと、ダミー変数という仮のデータを割り当てます。ここでは図8.26に示すように、平日を0、週末に1という値を割り当てます。週末と平日のどちらが0と1でもかまわないのですが、それ以外の数値は使わないでください。

ダミー変数の作成方法にはいろいろありますが、Excelの場合曜日の列を複製し、データを置換するのが速いかと思います。

ここまで準備ができたらあとは単回帰分析と同じです。分析ツールを使って、図8.27のように目的変数と説明変数を指定してください。説明変数にはダミー変数を指定します。

図8.28に出力された結果を示します。この結果の見方は、図8.13の量的データを説明変数とした場合と同じです。「X値1」の「P-値」は0.05より小さいので、このダミー変数は有意であると判定されています。この結果は、

図8.26 ダミー変数の作成

	A	B	C	D	E	F	G	H
1	No	Team	年	月	日	曜日	観客	曜日(d)
2	1	S	2015	3	27	金	31332	0
3	2	S	2015	3	28	土	31043	1
4	3	S	2015	3	29	日	31540	1
5	4	S	2015	3	31	火	26280	0
6	5	S	2015	4	1	水	18945	0
7	6	S	2015	4	2	木	22138	0
8	7	S	2015	4	3	金	16583	0
9	8	S	2015	4	4	土	27224	1
10	9	S	2015	4	5	日	22240	1
11	10	S	2015	4	7	火	10160	0

図8.27 変数の選択

平日（0）より週末（1）のほうが係数である4,849人観客が多いということを意味しています。回帰分析というよりは、意味としてはt検定の結果に近いものです。こうした性質があるので、場合によってはt検定の代わりに、このダミー変数を用いた回帰分析が行われることもあります。

質的データが3つ以上の場合

平日と週末という質的データが2つの場合ダミー変数を1つ作ればよかったのですが、これが複数あった場合はどうすればよいのでしょうか。

例として、2015年に東京ドームで開催された巨人の試合の観客動員数を、対戦チーム（ヤクルト・阪神・広島・中日・DeNA・交流戦[注2]）によって異なるかを検証する場合を考えてみます。

質的データは6項目になりますが、ダミー変数には0と1の値しか使うことはできません。このようなケースでは、**図8.29**に示すように複数のダミー変数を作成します。

図に示したように、項目の数だけダミー変数ができることになります。

これらのダミー変数を説明変数に投入することで分析が可能なのですが、1点注意すべきことは、説明変数に投入するダミー変数を1つ除く必要があ

注2　セ・リーグとパ・リーグのチームが試合をするゲームです。例年5〜6月に開催されます。サンプルデータでは「西武」「オリックス」「ソフトバンク」戦が交流戦に該当します。

図8.28　結果の出力

概要

回帰統計	
重相関 R	0.253
重決定 R2	0.064
補正 R2	0.063
標準誤差	8922.5
観測数	858

分散分析表

	自由度	変動	分散	観測された分散	有意 F
回帰	1	4668297166.2	4668297166.2	58.6	0.0
残差	856	68146286881.9	79610148.2		
合計	857	72814584048.1			

	係数	標準誤差	t	P-値	下限 95%	上限 95%	下限 95.0%	上限 95.0%
切片	29611.5	381.8	77.5	0.000	28862.0	30361.0	28862.0	30361.0
X 値 1	4349.0	633.2	7.7	0.000	3606.1	6091.8	3606.1	6091.8

ることです。図8.29では交流戦のダミー変数の色を変えていますが、例としてこのダミー変数を除いた場合、交流戦は、ダミー変数1から5までの値がすべて0となります。そして、平日を0、週末を1で分析したときのように、ダミー変数の数が増えても0となった項目が基準となります。したがって、交流戦のダミー変数を除いた場合、交流戦と比較した各チームの観客動員数を分析することになります。どのダミー変数を除くかは任意となっています。

ダミー変数を作成したデータを**図8.30**に示します。このデータはダウンロードデータの「重回帰分析2」というシートにあります。このデータのうち、**図8.31**に示すように、ダミー変数の1から5を説明変数として「入力X範囲」指定します。

その結果出力されるのが**図8.32**です。出力された結果は、量的データを用いて重回帰分析を行った場合と同じになります。「X値1」から5までの「P-値」を見ると「X値3」、つまり広島戦のみ、P-値が0.05よりも大きく有意な

図8.29 複数の項目でのダミー変数の設定

Team	ダミー変数1	ダミー変数2	ダミー変数3	ダミー変数4	ダミー変数5	ダミー変数6
ヤクルト	1	0	0	0	0	0
阪神	0	1	0	0	0	0
広島	0	0	1	0	0	0
中日	0	0	0	1	0	0
DeNA	0	0	0	0	1	0
交流戦	0	0	0	0	0	1

図8.30 使用データ

	A	B	C	D	E	F	G	H	I	J	K	L	M	N
1	No	球場	年	月	日	曜	Team	観客	Team (d1)	Team (d2)	Team (d3)	Team (d4)	Team (d5)	Team (d6)
2	1	東京ドーム	2015	3	27	金	DeNA	45524	0	0	0	0	1	0
3	2	東京ドーム	2015	3	28	土	DeNA	42369	0	0	0	0	1	0
4	3	東京ドーム	2015	3	29	日	DeNA	43043	0	0	0	0	1	0
5	4	東京ドーム	2015	4	3	金	阪神	44235	0	1	0	0	0	0
6	5	東京ドーム	2015	4	4	土	阪神	44507	0	1	0	0	0	0
7	6	東京ドーム	2015	4	5	日	阪神	44590	0	1	0	0	0	0
8	7	東京ドーム	2015	4	10	金	ヤクルト	46135	1	0	0	0	0	0
9	8	東京ドーム	2015	4	11	土	ヤクルト	42870	1	0	0	0	0	0
10	9	東京ドーム	2015	4	12	日	ヤクルト	44485	1	0	0	0	0	0
11	10	東京ドーム	2015	4	28	火	中日	44121	0	0	0	1	0	0

説明変数ではないことがわかります。これは広島戦と交流戦とでは観客動員数に有意な差はないことを示しています。ほかのカードでは交流戦よりも有意に観客動員数が多いことがわかります。

図8.31 変数の選択

図8.32 結果の出力

概要

回帰統計	
重相関 R	0.433
重決定 R2	0.187
補正 R2	0.117
標準誤差	1474.5
観測数	64

分散分析表

	自由度	変動	分散	観測された分散比	有意 F
回帰	5	29031119.3	5806223.9	2.7	0.031
残差	58	126103894.4	2174205.1		
合計	63	155135013.8			

	係数	標準誤差	t	P-値	下限 95%	上限 95%	下限 95.0%	上限 95.0%
切片	43148.6	521.3	82.76785525	0.000	42105.1	44192.2	42105.1	44192.2
X 値 1	1825.0	685.2	2.663666543	0.010	453.5	3196.5	453.5	3196.5
X 値 2	2088.6	662.6	3.152196212	0.003	762.3	3414.9	762.3	3414.9
X 値 3	934.8	699.4	1.33648958	0.187	-465.3	2334.8	-465.3	2334.8
X 値 4	1588.5	673.0	2.360185801	0.022	241.3	2935.7	241.3	2935.7
X 値 5	1956.8	699.4	2.79768864	0.007	556.7	3356.8	556.7	3356.8

8.4 まとめ

　以上、回帰分析の方法を解説しました。単に予測式を立てるだけではなく、ダミー変数を活用することでt検定や分散分析のような応用も可能な分析方法です。さらに、t検定や分散分析を行うには独立変数の設定とグループ分けが必要ですが、このグループ分けの基準によって近い値のデータが別のグループに分類されるということも起こります。回帰分析の場合は、この問題を連続的な説明変数として分析することで避けることができることも強みです。

　このように応用が利き、使い勝手も良いのでぜひマスターしてもらいたい分析方法です。

Appendix

野球における未解決問題

ここからは、野球において現在でも未解決となっている問題を紹介します。本書で学んだスキルでこれらの問題を解決できるようになる保証はないのですが、問題を共有し、チャレンジのきっかけとなればと思います。

野球における未解決問題

A.1 より高度な評価指標を求めて

打撃指標

セイバーメトリクスの誕生以来、特に打撃の評価指標は、雨後の筍のように多くの指標が開発され議論がなされてきました。その結果、現状として最良の指標はwOBAと言われています。wOBAはweighted on-base averageの略で、次の計算式によって求められます。

wOBA（プロ野球版）＝ {0.692 ×（フォアボール＋敬遠）＋ 0.73 ×デッドボール＋ 0.966 ×失策出塁＋ 0.865 ×シングルヒット＋ 1.334 ×ツーベースヒット＋ 1.725 ×スリーベースヒット＋ 2.065 ×ホームラン} ÷（打数＋フォアボール＋敬遠＋デッドボール＋犠牲フライ）

※ wOBAの計算式は、メジャーリーグとプロ野球、データの提供元によって係数が異なります。本書では株式会社DELTAの計算式を用いています。

さまざまな結果に、かなり細かい重み付けの評価がなされていることを確認できると思います。しかし、このwOBAであっても現状のベターな選択肢であって、ベストな評価指標とは言えません。

これに代わる指標はどのようなものになるのでしょうか。既存のデータの計算方法を工夫するか、それとも今まで測定されてこなかったデータを導入すべきか、正解は誰にもわかりません。

1つのコツとして、気楽にいろいろとやってみることをお勧めします。変なものを作ってしまったらどうしようと責任を感じる人もいるかもしれませんが、心配しなくても使えるものは残り、使えないものは淘汰されていきます。そのような中で「数を撃てば当たる」というやり方も悪い方法とは言えません。

運の影響

　野球の成績(に限ったことではないのですが)で難しいところは、その値に選手の能力が反映されているのと同時に、運の影響も混在しているところにあります。運の影響を除き選手の真の能力を評価したいのですが、その運をどうやって評価したものか、有効な方法に欠けるのが現状です。

　第4章でBABIPという指標を紹介しました。これは運の影響をある程度評価できるのですが、BABIPの性質から例外となる選手も少なくなく、まだまだ改善の余地のある指標です。

　一つの改善案としては、BABIPの性質から例外となる選手、たとえばイチロー選手の特徴を分析してみると何かヒントが得られるかもしれません。

　イチロー選手は、第4章で指摘したようにメジャーリーグに移籍した2001年から2010年まででBABIPが最低のシーズンで.316(2005年)です。一般に高BABIPの翌年には平均並みの.300程度に収束するとされているBABIPの性質から見れば異端の選手です。

　このような成績となる原因として、イチロー選手は世界一幸運な選手で10年近くラッキーが続いていると考えることもできますが、現実的には何かヒットになりやすいものを持っている、つまり高BABIPを維持する技術的な何かを持っていると考えたほうが自然です。

　イチロー選手の特徴からすべての選手に通じるものがあるかどうかは定かではありませんが、こうした検証の積み重ねが、捉えどころのない運の影響を理解するためには必要なステップだと思います。

野球における未解決問題

A.2 数値化が難しいテーマ

　野球には公式記録として残された記録もあれば、数値化して記録することが難しく、なかなか手が付けられないテーマも少なくありません。セイバーメトリクスの発展はこの手が付けられない領域を少しずつ開拓してきた歴史とも言えますが、まだまだ余地があるのが現状です。その一部を紹介します。

勝負強さ

　ひいきのチームには、大して重要でもない場面ではよく打つのに、重要な場面ではさっぱり打たない選手がいたりしないでしょうか？ 逆にここ一番で頼りになる選手もいます。

　打席に立って、3ストライクでアウトというルールは不変でしたが、試合の中には重要なチャンスもあればそうでない場合もあります。チャンスに強い打者といった評価はよく聞きますが、これを数値化して評価することは簡単ではありません。

　メジャーリーグでは、一応Clutchという勝負強さを評価する指標もあります。重要度の高い場面で活躍した選手がより高く評価される指標で、勝負強い打者をクラッチヒッターと呼ぶところから命名されたのだと思います。しかし、Clutchによって隠れた才能が見いだされた、過小評価されていた選手が抜擢されたという話は出てきません。

　もしかすると、勝負強さという要素自体が私たちの記憶のバイアスが見せる幻なのかもしれません。しかし、これを正確に評価し、たとえば、普段はそれほどの成績は残していないので評価されていないが、重要な場面では力を発揮する選手を抜擢できるようになれば、メリットは計りしれません。

　そもそも、勝負強さなんてものがあるのか？ 過小評価されている勝負強

い打者なんて存在するのか？というところがスタートラインではありますが、やってみる価値のあるテーマではないでしょうか。

捕手のリード

　捕手のリードの重要性は常々指摘されていますが、残念ながらこれを評価する方法は確立されていません。長年ブラックボックスの中にあるテーマと言えます。

　近年、野球における測定データが進化することで、少しずつできることが増えてきています。たとえば、メジャーリーグではピッチフレーミングという、判定の微妙なボールを捕球の際のジェスチャーによってストライクに見せてしまう能力が評価されるようになりました。しかし、ピッチフレーミングも捕手のリードという点から考えれば、ごく間接的な指標の一部でしかありません。

　まだまだフロンティアの残るテーマですので、やりがいのあるテーマではないでしょうか。

監督の采配

　監督の采配が重要であることを疑う人は少ないと思いますが、これも数値として評価するのが難しいテーマです。

　監督の仕事については、試合に関与できる程度はそれほど大きくないという報告もあります。もしかすると、監督の影響は大きいという先入観を捨てて考える必要があるのかもしれません。しかし、選手の人選と戦術の決定権を持つ監督の影響が小さいというのも、なかなか納得できるアイデアではありません。もしかしたら、一つ一つのゲームというよりも、もう少し広い視野から評価ができるのかもしれません。

野球における未解決問題

A.3 環境の変化

　日本国内で十分な成績を残し、満を持してメジャーリーグに挑戦したものの、さっぱり成績を残すことのできなかった選手は今ではそれほど珍しくもありません。また、期待して獲得したもののさっぱり活躍しなかったという、プロ野球の助っ人外国人の苦い思い出は、どこかのチームを応援していれば1人や2人ではすまないはずです。

　このように、プレーする環境が変わると以前の成績があてにならないという例は枚挙に暇がありません。できればこのような事態が起こることを防ぎたいと考える人は多いはずです。

　かつて、プロ野球時代の成績からメジャーリーグでの成績を予測できないか試みた人もいますが、芳しい結果は得られませんでした。海を渡る選手のサンプルが少ないことも原因ではありますが、容易なテーマではないようです。

　このテーマについては、近年のトラッキングデータで測定されるような、選手のパフォーマンスの物理的特性を測定することが道を拓くかもしれません。日本の投手が海外に行けば、対戦する打者がメジャーリーガーに変わります。これによって、打者の力量であったり、野球のスタイルが変わるため投球成績は変わるかもしれませんが、投げたボールの物理的特性の変化はそれほど大きくないと考えられるからです。

　年々海を渡る選手のサンプルも増えつつあり、技術革新とあいまってこれから進展のあるテーマかもしれません。また、プロ野球とメジャーリーグといった環境の変化もあれば、一軍と二軍、アマチュアとプロといった環境の違いもあります。こうした環境の違いにも応用可能なテーマと言えます。

A.4 最新のデータが正解ではない

　本書でも多くのデータを紹介してきましたが、最新のデータ、特にトラッキングデータによりプレーの物理的特性を測定した指標が、これらの未解決のテーマを打開する可能性が高いことは確かです。

　しかし、こうしたデータはなかなか一般にまで詳しく公開されることがないのが難しいところです。また、こうした最新の情報が必ず正解につながるというわけではありません。使い古したデータの中から驚くような発見が生まれる可能性もあります。何はともあれ、気軽にいろいろと挑戦することが、次の時代へのブレイクスルーへとつながる道ではないかと思います。本書がそのきっかけになれば幸いです。

●‥‥‥‥**おわりに**

　新しい統計解析の方法を知ると、「そんなことまでわかるようになるのか！」と、世界が広がるような気持ちになることがあります。こうした体験は、統計スキルの引き出しが1つ増えるだけではなく、思考の幅が広がります。いろいろな角度から分析ができることを知っておくと、より広い視点から物事を考えることが可能になるのです。これは統計学を学ぶうえでの大きな副産物であり、統計学を学ぶことを勧める理由でもあります。

　本書で紹介した内容は、日進月歩で発展している統計学のほんのさわりの部分です。このさわりの部分を理解するだけでもずいぶんと世界は広がりますが、その先にはさらに広大な世界が待っています。この広い世界のすべてを理解し使えるようになる必要はありません。自分が直面している課題を解決するためのスキルを一つ一つ身に付けていけば大丈夫です。本書がその広い世界に足を踏み出す助けとなれば幸いです。

　また、野球のデータを分析している身としては、セイバーメトリクスに興味を持ったり、自分でもデータを分析してみようと考える人が増えることを願っています。本書がそのきっかけとなればこれほどうれしいことはありません。願わくは、本書のサンプルデータをいろいろといじってみてもらい、「こんなことがわかった」「これはどういうこと？」というような議論が起こることを期待しています。

　本書の読者から未来のビル・ジェームズが出ることを祈って。

索引

数字

- 1点差勝率 ... 96
- 1標準偏差 ... 38-39
- 2標準偏差 ... 38, 40
- 3次元の散布図 ... 62
- 95%信頼区間 ... 84
- 99%信頼区間 ... 84

A

- ANOVA ... 158
- AVERAGE関数 ... 29

B

- BABIP ... 94, 219
- 『Baseball Abstract』 ... 12
- 『Baseball Magazine』 ... 12
- Batted Ball ... 63-64
- BINOM.DIST関数 ... 89, 91

C

- CHISQ.TEST関数 ... 148, 150
- Clutch ... 220
- CORREL関数 ... 103
- COVAR関数 ... 106

E

- Excel ... 4

F

- FA ... 8
- FanGraphs ... 98, 117
- F.C. Lane ... 12
- F.INV.RT関数 ... 170
- F.TEST関数 ... 137
- F検定 ... 137

G

- GB/FB ... 43

I

- IF関数 ... 136

J

- J.アルバート ... 16
- J.ベネット ... 16

L

- LOG10関数 ... 44

M

- MEDIAN関数 ... 31
- MLB ... 11
- MODE関数 ... 31

N

- NORM.S.INV関数 ... 86
- NPB ... 8

P

- PECOTA ... 18
- P-値 ... 163, 208

Q

- QUARTILE.INC関数 ... 35

R

- R ... 62
- RANK関数 ... 110
- RAR ... 41

S

- SB Nation ... 121
- STDEVP関数 ... 33
- Student化された範囲の値 ... 173
- SUMSQ関数 ... 200

T

- TDIST関数 208
- T.INV.2T関数 84
- Tukeyの方法 173
- t検定 135, 141
  - 対応のある〜 144
- t値 84
- t分布 143

V

- VAR.S関数 82
- VIF 210

W

- WAR 41
- wOBA 41, 218

X

- X値1 197

あ行

- アスレチックス 11
- 一元配置分散分析 161
- イチロー選手 219
- 因果関係 125
- ウェルチの方法 140
- 運の影響 219
- 円グラフ 66
- 送りバント 122
- オートフィル 91
- 折れ線グラフ 56, 59

か行

- 回帰直線 193
- 回帰分析 190
- 階級 35
- χ二乗検定 147
- χ二乗値 150
- χ二乗分布 150
- 確率質量関数 91-92
- 華氏 24
- 仮説 131
  - 〜を棄却する 131
- 片側検定 132-133
- 間隔データ 24
- 危険率 84, 132
- 擬似相関 123
- 記述統計 28
- 期待値 148
- 「期待値範囲」 148
- 帰無仮説 131
- 強制投入法 209
- 共分散 104
- 共変関係 125
- 近似曲線 193
- 傑出度 41
- 決定係数 196
- 検定の多重性 158
- 交互作用 177, 210
- 交流戦 213
- 誤差 94
- 「誤差範囲」 72

さ行

- 最小値 70
- 最小二乗法 193, 195, 198
- 最大値 70
- 最頻値 31
- 残差 200
- 散布図 59
  - 3次元の〜 62
- サンプルサイズ 82
- 「実測値範囲」 148
- 質的データ 24, 211
- 四分位偏差 34, 70
- 重回帰分析 196, 201
- 重決定R2 198
- 従属変数 160
- 自由度 84, 140, 151

十分位数	34
主効果	162
出塁率	14
順位相関	107
順位相関係数	109
順序データ	23
常用対数	43-44
信頼区間	83-84
比率の〜	85
水準	159
水準間の変動	164
水準内の変動	164
推測統計	28
スピアマンの順位相関係数	109
スピナー	89
正規分布	37
正の相関関係	101
セイバーメトリクス	11
摂氏	24
絶対温度	24
切片	197
説明変数	191
セ・リーグ	20
線形変換	43
相関関係	101
正の〜	101
負の〜	101
相関行列	126
相関係数	102, 106
〜の解釈	111
相関分析	100
ソルバー	205
ソルバーアドイン	6

た行

第1種の過誤	134
第2種の過誤	134
「対応のある」データ	59, 144
「対応のない」データ	59, 145
対数変換	43
代表値	28-29
〜の使い分け	31
対立仮説	131
多重共線性	209
多重比較	172
「縦軸誤差範囲」	72
打点	3
ダミー変数	212
打率	3
単回帰分析	201
単純主効果の検定	180
単調減少傾向	108
単調増加傾向	108
中央値	30, 70
長打率	12
積み上げ式グラフ	55
定量的分析	25
統計学	7
統計検定	130-131
等分散	138
等分散性の検定	137
独立変数	160
度数	35
度数分布表	35-37
トリプルスリー	68

な行

二項分布	89
ネイト・シルバー	4
年度間相関	117

は行

箱	70
箱ひげ図	70
はずれ値	115
パ・リーグ	20
ハル・ヴァリアン	2
ピアソンの積率相関係数	102
ひげ	70
ヒストグラム	35-36, 38

索引			
非線形変換	43	棒グラフ	50, 53, 55
ピタゴラス勝率	9	母集団	79
『ビッグデータ・ベースボール』	48	母比率	85
ピッチフレーミング	221	母分散	80-81
百分位数	34	母平均	80-81
標準化	42, 69	ホーム	147
標準回帰係数	202	ホームラン%	78
標準化得点	42		
標準正規分布	38-39		
標準偏差	33		

ま行

標本	79	マクロ	118
標本誤差	79, 82	『マネーボール』(映画)	16
標本数	82	『マネー・ボール』(小説)	11
標本比率	85	無相関検定	152
標本分散	80-81	名義データ	22
標本平均	80-81	メジャーリーグ	11
比率データ	25	『メジャーリーグの数理科学』	16
比率の信頼区間	85	目盛	74
ビル・ジェームズ	11	目的変数	191
フォアボール	14, 121	モザイク図	63
不等分散	138		

や行

負の相関関係	101	有意水準	132
不偏性を持つ	81	要因	159
不偏分散	81-82	予測値	200
フリーエージェント	8		
プロ野球	8		

ら行

分散	33	離散的	16
分散分析	158	両側検定	132-133
2要因の～	176	量的データ	25
分析ツール	5	レーダー	68
平均回帰傾向	94	ロード	147
平均値	29, 199		
偏回帰係数	201		
偏差	33		
偏差値	42		
変数減少法	209		
変数増加法	209		
偏相関	123		
ヘンリー・チャドウィック	13		
防御率	3		

●プロフィール

佐藤 文彦（さとう ふみひこ）／student 　　株式会社DELTA

ブログ『野球いじり―野球データの分析・解析』で分析・執筆活動を行うほか、DELTAが配信するメールマガジンにレギュラーで分析記事を提供。バレーボールの分析にも取り組んでいる。

『野球いじり―野球データの分析・解析』
http://www.plus-blog.sportsnavi.com/student/

岡田 友輔（おかだ ゆうすけ）　　株式会社DELTA代表取締役

2002〜2007年日本テレビ放送網株式会社のプロ野球中継用のデータ収集・分析を担当。その後、データ配信会社を経て、2011年スポーツデータの分析を手掛ける合同会社DELTAを設立。統計的な見地から選手の評価や戦略を分析するセイバーメトリクスをはじめ、スポーツにデータ分析が取り入れられる環境づくりに取り組む。

『プロ野球を統計学と客観分析で考える セイバーメトリクス・リポート1〜5』(水曜社)
『日本ハムに学ぶ 勝てる組織づくりの教科書』(講談社)など

カバーイラスト	谷口 亮
装丁・本文デザイン	西岡 裕二
レイアウト	五野上 恵美、高瀬 美恵子(技術評論社制作業務部)
本文図版	スタジオ・キャロット
編集アシスタント	大野 耕平
編集	池田 大樹

［プロ野球でわかる！］はじめての統計学

2017年3月27日　初版　第1刷発行
2018年9月28日　初版　第2刷発行

著者	株式会社DELTA　佐藤文彦(student)
監修者	株式会社DELTA　岡田友輔
発行者	片岡 巌
発行所	株式会社技術評論社 東京都新宿区市谷左内町21-13 電話　03-3513-6150　販売促進部 　　　03-3513-6175　雑誌編集部
印刷／製本	昭和情報プロセス株式会社

- 定価はカバーに表示してあります。
- 本書の一部または全部を著作権法の定める範囲を超え、無断で複写、複製、転載、あるいはファイルに落とすことを禁じます。
- 造本には細心の注意を払っておりますが、万一、乱丁（ページの乱れ）や落丁（ページの抜け）がございましたら、小社販売促進部までお送りください。送料小社負担にてお取り替えいたします。

●お問い合わせ

本書に関するご質問は記載内容についてのみとさせていただきます。本書の内容以外のご質問には一切応じられませんので、あらかじめご了承ください。なお、お電話でのご質問は受け付けておりませんので、書面または小社Webサイトのお問い合わせフォームをご利用ください。

〒162-0846
東京都新宿区市谷左内町21-13
株式会社技術評論社
『［プロ野球でわかる！］はじめての統計学』係
URL http://gihyo.jp/（技術評論社Webサイト）

ご質問の際に記載いただいた個人情報は回答以外の目的に使用することはありません。使用後は速やかに個人情報を廃棄します。

©2017 株式会社DELTA
ISBN 978-4-7741-8727-3 C3041
Printed in Japan